Elke Reich
Schichtwachstum und Supraleitung
von kupratbasierten Quasimultilagen
und Oxipniktiden

TUDpress

Elke Reich

# Schichtwachstum und Supraleitung von kupratbasierten Quasimultilagen und Oxipniktiden

**TUD***press*

2012

Die vorliegende Arbeit wurde am 02.05.2011 an der Fakultät Maschinenwesen der Technischen Universität Dresden als Dissertation eingereicht und am 20.12.2011 verteidigt.

Gutachter:
Prof.Dr. rer. nat. Ludwig Schultz
Prof.Dr. rer. nat. Michael Siegel

Bibliografische Information der Deutschen Nationalbibliothek
Die Deutsche Nationalbibliothek verzeichnet diese Publikation in der Deutschen Nationalbibliografie; detaillierte bibliografische Daten sind im Internet über http://dnb.d-nb.de abrufbar.

Bibliographic information published by the Deutsche Nationalbibliothek
The Deutsche Nationalbibliothek lists this publication in the Deutsche Nationalbibliografie; detailed bibliographic data are available in the Internet at
http://dnb.d-nb.de.

ISBN 978-3-942710-62-6


Verlag der Wissenschaften GmbH
Bergstr. 70 | D-01069 Dresden
Tel.: 0351/47 96 97 20 | Fax: 0351/47 96 08 19
http://www.tudpress.de


Gesetzt vom Autor.
Printed in Germany.

# Schichtwachstum und Supraleitung von kupratbasierten Quasimultilagen und Oxipniktiden

Dissertation

zur Erlangung des akademischen Grades

Doktoringenieur

(Dr.-Ing.)

vorgelegt von

Dipl.-Ing. Elke Reich

geboren am 6. Oktober 1980 in Großenhain

Fakultät Maschinenwesen

der Technischen Universität Dresden

**1. Gutachter: Prof. Dr. rer. nat. Ludwig Schultz**

Direktor des Institutes für Metallische Werkstoffe und
Wissenschaftlicher Direktor des Leibniz-Institutes für Festkörper-
und Werkstoffforschung (IFW) Dresden e.V.
Helmholtzstraße 20
01069 Dresden

**2. Gutachter: Prof. Dr. rer. nat. Michael Siegel**

Direktor des Institut für Mikro- und Nanoelektronische Systeme
Karlsruher Institut für Technologie (KIT)
Hertzstraße 16
76187 Karlsruhe

Eingereicht am: 2. Mai 2011
Verteidigt am: 20. Dezember 2011

# Inhaltsverzeichnis

# 1 Motivation

Genau 100 Jahre ist es her, dass Heike Kamerlingh Onnes einen unerwarteten Effekt in hochreinem Quecksilber beobachtete. Nachdem seiner Gruppe im Jahr 1908 die Verflüssigung von Helium gelang, war es erstmals möglich, den Temperaturverlauf des elektrischen Widerstands in Metallen bis zum Siedepunkt von Helium (4,2 K) zu untersuchen. Dabei erkannte Onnes 1911, dass Quecksilber seinen elektrischen Widerstand bei dieser Temperatur verliert und so zum idealen Leiter wird. Dieser Temperaturabfall war deswegen so erstaunlich, da er in einem Temperaturintervall von nur einigen Hunderstel Grad erfolgte. Onnes nannte dieses Phänomen den *supraleitenden Zustand* des Materials [Onn11].
Das Verschwinden des elektrischen Widerstands bei einer kritischen Sprungtemperatur $T_c$ ist nur eine Eigenschaft, die die Supraleiter auszeichnet. Das andere Merkmal ist deren besonderes Verhalten in einem äußeren Magnetfeld. So wird entweder das Feld, bis auf eine dünne Oberflächenschicht, vollständig aus dem Inneren verdrängt (Meißner-Ochsenfeld-Effekt), dann verhält sich das Material wie ein idealer Diamagnet oder der magnetische Fluss dringt in Form von quantisierten Flusslinien in das Innere des Supraleiters ein. Diese Unterscheidung in Typ - I und Typ - II - Supraleiter wird im nachfolgenden Abschnitt eingehender diskutiert.
Das theoretische Verständnis des Phänomens wurde durch die Arbeit von Bardeen, Cooper und Schrieffer revolutioniert [Bar57]. Sie fanden heraus, dass sich beim Übergang vom normal- zum supraleitenden Zustand Elektronenpaare, sogenannte „Cooper-Paare“ bilden, die einer Wellenfunktion mit wohldefinierter Phase genügen. Diese Elektronen wechselwirken über die Schwingungen des Kristallgitters, die Phononen. Diese, nach den Entdeckern benannte, BCS-Theorie wurde 1972 mit dem Nobelpreis für Physik ausgezeichnet [Buc04].
Bald wurde klar, dass die Supraleitung kein seltenes Phänomen ist, sondern, im Gegenteil, die Mehrzahl der Elemente des Periodensystems ab einer charakteristischen Sprungtemperatur supraleitend werden. Der Elementsupraleiter mit der höchsten Sprungtemperatur ist Niob mit $T_c \approx 9$ K. Höhere Übergangstemperaturen zeigten die Anfang der 1960er Jahre entdeckten A15 - Supraleiter (z. B. $Nb_3Sn$ mit $T_c = 18{,}5$ K) [Kun61]. Der wirkliche Durchbruch gelang Bednorz und Müller im Jahr 1986 [Bed86]. Sie untersuchten kupratbasierte, keramische Verbindungen, die mit 36 K vergleichsweise hohe Sprungtemperaturen aufweisen. War die Supraleitung bis dahin ein Tieftemperaturphänomen, so sollte sich diese Aussage bald

ändern. Ein Rennen nach immer höheren Sprungtemperaturen brach los und gipfelte mit der Entdeckung des $YBa_2Cu_3O_{7-\delta}$ (YBCO) [Wu87]. Mit einer Sprungtemperatur von 93 K war mit diesem Supraleiter die magische Grenze von 77 K, der Siedepunkt von Stickstoff, überschritten. Diese Materialien nannte man Hochtemperatursupraleiter (HTSL).
Seit der Entdeckung der Kuprate steht das große Anwendungspotential der HTSL im Mittelpunkt der Supraleitungsforschung. Bis heute wird an deren technischen Nutzung gearbeitet und zahlreiche Untersuchungen über die Verbesserungen der supraleitenden Eigenschaften von YBCO im Magnetfeld wurden publiziert. Neben dieser Verbesserung der Eigenschaften bekannter Supraleiter liegt der zweite Ansatz in der Suche nach neuen Materialien mit hohen Sprungtemperaturen. Seit der bahnbrechenden Entdeckung der Kuprate wurden einige neue Systeme gefunden, die interessante Sprungtemperaturen zeigen, z. B. die Borkarbide (Y-Pd-B-C: $T_c = 23$ K) [Cav94a, Cav94b] und $MgB_2$ ($T_c = 39$ K) [Nag02]. An die Goldgräberstimmung von 1987 kamen sie aber nie heran. 2008 wurde die Vorherschaft der Kuprate mit der Entdeckung eines $T_c$ von 26 K in einer eisenbasierten Verbindung gebrochen [Kam08]. Die Forschergemeinde stand Kopf und die Ereignisse von 1987 wiederholten sich. Innerhalb kürzester Zeit vervielfachte sich die Zahl weiterer Meldungen über supraleitende Verbindungen $SE(O_{1-x}F_x)FeAs$ ($SE =$ Seltenerd) dieser sogenannten Oxipniktide.
Auch an dieser Dissertation ging diese Entdeckung nicht spurlos vorüber. War der Fokus der Arbeit zu Beginn die Herstellung von YBCO - basierten Quasimultilagen, so stand ab nun die weltweit erste Herstellung supraleitender Oxipniktiddünnschichten im Mittelpunkt der Arbeit. Der Aufbau der vorliegenden Dissertation reflektiert diese beiden Schwerpunkte. Nach einer kurzen Zusammenfassung der Grundlagen von Supraleitern I. und II. Art wird am Ende des folgenden Kapitels die für die technische Nutzung der kupratbasierten HTSL notwendige Flusslinienverankerung erläutert. Kapitel 3 ist der Herstellung der Dünnschichten und deren Charakterisierung gewidmet. Der erste Themenschwerpunkt dieser Arbeit, die Verbesserung der supraleitenden Eigenschaften von YBCO im Magnetfeld, steht im Mittelpunkt von Kapitel 4. Hier werden die Prozesse der Phasenbildung und die supraleitenden Eigenschaften von kupratbasierten Quasimultilagen diskutiert. Kapitel 5 beschäftigt sich mit dem zweiten Themenschwerpunkt - der Herstellung der weltweit ersten supraleitenden Oxipniktiddünnschichten. Die Eigenschaften der Grundverbindung, die Schichtherstellung im Zweistufenprozess sowie der Weg zur supraleitenden Dünnschicht werden vorgestellt.

# 2 Grundlagen der Supraleitung

Der verlustfreie Stromtransport und das charakteristische Verhalten der Supraleiter im Magnetfeld sind für deren Anwendung von großer Bedeutung. In diesem Kapitel werden die theoretischen Grundlagen dieses Verhaltens kurz dargestellt und die damit verbundene Unterteilung in Supraleiter I. und II. Art erläutert. Voraussetzung für eine technische Nutzung von Typ-II-Supraleitern ist eine Verankerung der Flusslinien, die in der Shubnikov-Phase in das Material eindringen, an festen Punkten in der Matrix. Dieser als Pinning bekannte Effekt wird im zweiten Teil dieses Kapitels erklärt.

## 2.1 Supraleiter I. und II. Art

Supraleiter I. und II. Art zeigen unterschiedliches Verhalten im Magnetfeld, das durch den Ginzburg-Landau Parameter $\kappa$:

$$\kappa = \frac{\lambda_{\mathrm{L}}}{\xi_{\mathrm{GL}}} \tag{2.1}$$

unterschieden wird. $\kappa$ ist materialspezifisch und dimensionslos und berechnet sich aus zwei charakteristischen Größen: (i) aus der Eindringtiefe $\lambda_{\mathrm{L}}$, die angibt, wie stark das Magnetfeld im Inneren des Supraleiters abfällt und (ii) aus der Ginzburg-Landau Kohärenzlänge $\xi_{\mathrm{GL}}$, die die räumliche Verteilung der Cooperpaardichte $n_{\mathrm{C}}$ charakterisiert (Abb. 2.1). Sowohl $\lambda_{\mathrm{L}}$ als auch $\xi_{\mathrm{GL}}$ sind temperaturabhängig [Tin04].
Für die Unterscheidung zwischen Supraleitern I. und II. Art ist der Beitrag der Grenzflächenenergie zwischen normal- und supraleitenden Bereichen zur Gesamtenergie des Systems interessant. Diese Grenzflächenenergie berechnet sich aus der Differenz zweier Größen: (i) aus der Energie $E_{\mathrm{V}}$, die mit der Verdrängung des Magnetfeldes aus dem Supraleiter verknüpft ist und (ii) aus der Kondensationsenergie $E_{\mathrm{K}}$, die bei der Cooperpaarbildung frei wird. Die Formel zur Berechnung der Grenzflächenenergie $\Delta E$ lautet somit:

$$\Delta E = E_{\mathrm{K}} - E_{\mathrm{V}} = \frac{(\mu_0 H_{\mathrm{cth}})^2}{2\mu_0} \left( \xi_{\mathrm{GL}} - \lambda_{\mathrm{L}} \left( \frac{H_{\mathrm{ext}}}{H_{\mathrm{cth}}} \right)^2 \right) \tag{2.2}$$

wobei $\mu_0 H_{\mathrm{cth}}$ das thermodynamische kritische und $\mu_0 H_{\mathrm{ext}}$ das äußere Feld ist [Buc04].

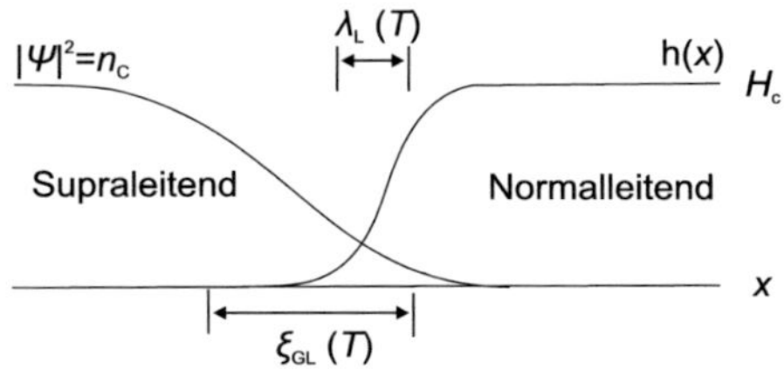


Abb. 2.1: Räumliche Verteilung des mikroskopischen Magnetfelds $h(x)$ und der lokalen Cooperpaardichte $n_C$ an der Grenzfläche von supraleitendem zu normalleitendem Bereich. Die Eindringtiefe $\lambda_L$ sowie die Ginzburg-Landau Kohärenzlänge $\xi_{GL}$ werden definiert [Tin04].

Für $\kappa < 1/\sqrt{2}$ und damit $\lambda_L < 1/\sqrt{2}\,\xi_{GL}$ (Supraleiter I. Art) ist der Beitrag der Grenzflächenenergie positiv. Demzufolge ist es energetisch günstiger, ein Magnetfeld $\mu_0 H_{ext}$, das kleiner als $\mu_0 H_{cth}$ ist, vollständig aus dem Inneren des Supraleiters zu verdrängen. Abschirmströme im Supraleiter ermöglichen ein Eindringen des Magnetfelds nur in der dünnen Oberflächenschicht, die durch $\lambda_L$ definiert ist. Das Material befindet sich in der Meissner - Phase und verhält sich wie ein idealer Diamagnet. Oberhalb von $\mu_0 H_{cth}$ ist das Material nicht mehr supraleitend (Abb. 2.2 (a)).

Für $\kappa > 1/\sqrt{2}$ und damit $\lambda_L > 1/\sqrt{2}\,\xi_{GL}$ (Supraleiter II. Art) kann das System zwei Zustände einnehmen. Ist $\mu_0 H_{ext} < \mu_0 H_{c1}$, dann ist der Beitrag der Grenzflächenenergie positiv und das Material verhält sich wie ein Supraleiter I. Art, d. h. das Magnetfeld wird vollständig aus dem Inneren verdrängt. Für Magnetfelder, die größer als $\mu_0 H_{c1}$ sind, ist der Beitrag der Grenzflächenenergie negativ. Dementsprechend versucht das Material zur Minimierung der Gesamtenergie des Systems viele supraleitend/normalleitende Grenzflächen zu schaffen.

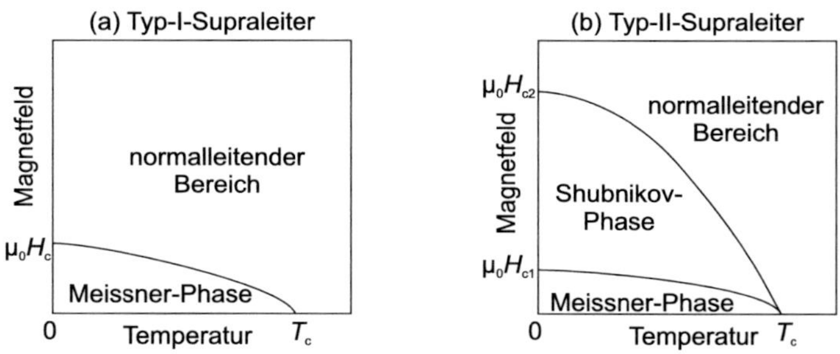


Abb. 2.2: Phasendiagramm von (a) einem Typ - I und (b) einem Typ - II - Supraleiter [Buc04].

Dabei geht der Supraleiter in die Shubnikov - Phase über, in der das Magnetfeld in Form von Flusslinien (Vortizes) in das Material eindringt (Abb. 2.2 (b)). Die Flusslinien ordnen sich in einem periodischen hexagonalen Gitter, dem Abrikosovgitter, an (Abb. 2.3 (a)) [Abr57]. Jede Flusslinie trägt dabei ein Flussquant:

$$\Phi_0 = \frac{h}{2e} = 2,07 \times 10^{-15}\,\mathrm{Tm}^2 \tag{2.3}$$

das durch supraleitende Ringströme um den Vortexkern generiert wird ($h$...Plancksches Wirkungsquantum, $e$...Elementarladung). Dieser Vortexkern ist als der Bereich definiert, in dem die lokale Cooperpaardichte $n_C$ Null ist und beschreibt damit den Teil des Materials der normalleitend ist. Das Magnetfeld ist im Vortexkern maximal und klingt dann exponentiell über die Länge $\lambda_L$ ab (Abb. 2.3 (b)).

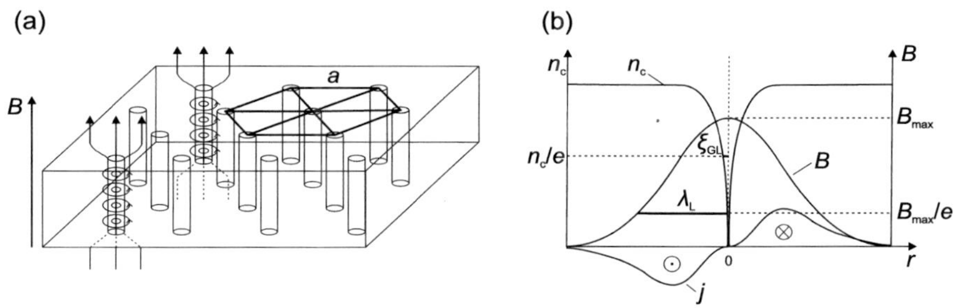


Abb. 2.3: (a) Ausbildung des periodischen hexagonalen Abrikosovgitters in der Shubnikov - Phase. Jede Flusslinie ist von supraleitenden Ringströmen umgeben. (b) Örtliche Variation der Cooperpaardichte, Magnetfeld und Suprastromdichte für einen ebenen Schnitt durch eine Flusslinie [Buc04].

Erhöht man die magnetische Flussdichte weiter, so dringen immer mehr Flusslinien in das Material ein und der Vortexabstand wird geringer. Dieser Gitterabstand im hexagonalen Abrikosovgitter $a$ (Abb. 2.3 (a)) hängt vom Magnetfeld ab:

$$a = 1,075\sqrt{\frac{\Phi_0}{\mu_0 H}} \tag{2.4}$$

Bei genügend hohem $\mu_0 H_{c2}$ überlappen sich die Flusslinien so, dass die Supraleitung verschwindet.

Alle elementaren Supraleiter außer Nb, V und Tc gehören zu den Supraleitern I. Art, während die meisten supraleitenden Verbindungen Typ - II - Supraleiter sind, so auch die hier untersuchten Kuprate und Oxipniktide.

## 2.2 Flusslinienverankerung in Typ - II - Supraleitern

Fließt ein supraleitender Strom $\vec{j}$ durch einen Supraleiter II. Art in der Shubnikov - Phase, so wirkt auf die Flusslinien, senkrecht zu Magnetfeld und Transportstrom, eine Lorentzkraft (Abb. 2.4):

$$\vec{F_L} = \vec{B} \times \vec{j}, \tag{2.5}$$

Im idealen, defektfreien Supraleiter bewegen sich die Flusslinien unter Einwirkung dieser Lorentzkraft, was zu elektrischen Verlusten führt. Die daraus resultierende Wärme zerstört die supraleitenden Eigenschaften im gesamten Querschnitt der Probe. Die kritische Stromdichte $j_c$ wird als der Transportstrom pro Querschnittsfläche definiert, bis zu dem keine elektrischen Verluste auftreten und somit der Stromtransport widerstandsfrei erfolgen kann. Für die Auswertung der kritischen Stromdichte wird ein Spannungskriterium definiert (Kap. 3.2.2).

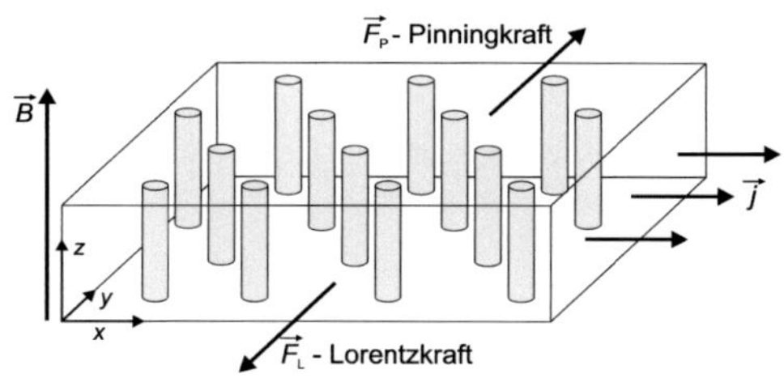


Abb. 2.4: Auf die Flusslinien eines idealen Supraleiters in der Shubnikov - Phase wirkt senkrecht zu Magnetfeld und Stromrichtung eine Lorentzkraft $\vec{F_L}$. Diese bewegt die Flusslinien aus ihren Positionen und verursacht ohmsche Verluste. Durch Verankerung der Flusslinien an Pinningzentren wird $\vec{F_L}$ eine Pinningkraft $\vec{F_p}$ entgegengesetzt, die den supraleitenden Stromtransport im Magnetfeld ermöglicht [Buc04].

Um $j_c$ zu erhöhen, muss die Bewegung der Flusslinien unter der Einwirkung der Lorentzkraft verhindert werden. Dies kann durch Verankerung der Flusslinien an festen Position in der Matrix (Pinning) realisiert werden. Die Kondensationsenergie zur Erzeugung einer Flusslinie ist proportional zu deren Länge. Demzufolge stellt die Verringerung dieser Länge, z. B. durch Verankerung der Flusslinie an normalleitenden Bereichen, eine, im Vergleich zur ungepinnten Flusslinie, energetisch günstigere Position dar. Für das Energieminimum des Supraleiters ist es nicht ausreichend, nur einzelne Flusslinien und mögliche Pinningzentren zu betrachten. Vielmehr muss das Zusammenspiel zwischen Verbiegung der Flusslinien, gegenseitiger Abstoßung und Energieabsenkung durch Längenreduzierung berücksichtigt werden [Spa07a]. Die Kraft, die die Flusslinien an den Pinningzentren hält, heißt Pinningkraft $\vec{F}_p$ und wirkt der Lorentzkraft entgegen (Abb. 2.4). Wenn die Lorentzkraft genau der Pinningkraft entspricht, so ist die kritische Stromdichte $j_c$ erreicht. Erst diese Flusslinienverankerung ermöglicht die technische Nutzung der supraleitenden Materialien, sogenannte „harte“ Supraleiter, im Magnetfeld.

Die effektivsten Pinningzentren sind solche, deren Ausdehnung $\xi_{GL}$ entspricht [Tin04]. In Supraleitern II. Art, wie z. B. den Kupraten, deren Kohärenzlänge $\xi_{GL}$ sehr klein ist und damit in der Größenordnung der Gitterparameter liegt (siehe Kap. 4.1), können schon Punktdefekte als Pinningzentren wirken, z. B. Sauerstoffleerstellen. Andere natürlich vorkommenden Defekte sind z. B. Flächendefekte, wie Korngrenzen und Stapelfehler sowie Liniendefekte (z. B. Versetzungen) [Buc04]. Dünne Schichten weisen dabei, im Vergleich zu einkristallinen Massivproben, eine hohe Zahl an natürlich vorkommenden Wachstumsdefekten auf, die zu einer hohen kritischen Stromdichte führen. Dennoch sind diese natürlichen Pinningzentren entweder nicht effektiv genug, um thermische Fluktuationen zu verhindern oder ihre Anzahl ist nicht ausreichend, um eine hohe kritische Stromdichte in technisch relevanten Magnetfeldern zu erreichen [Spa07a]. Deswegen ist es sinnvoll, zusätzlich künstliche Defekte in das Material einzubringen, die als Pinningzentren wirken. Abbildung 2.5 gibt einen Überblick über natürliche und künstliche Defekte im Supraleiter [Fol07]. Für YBCO werden in Kap. 4.3 verschiedene Methoden für die Einbringung künstlicher Pinningzentren erläutert.

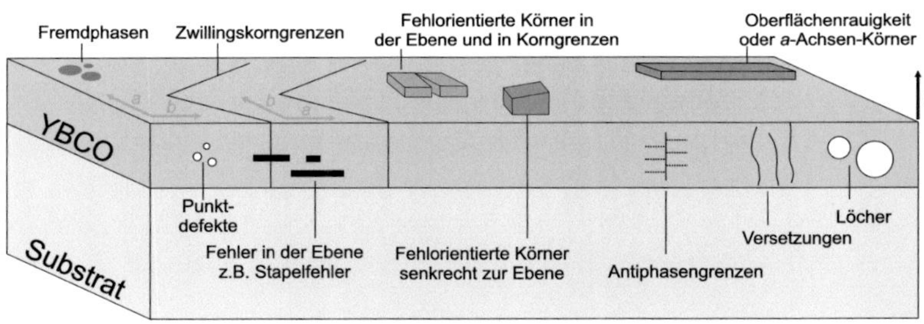


Abb. 2.5: Mögliche pinningrelevante Defektstrukturen in YBCO Dünnschichten [Fol07]. Jeder Defekt, der den kristallinen Gitteraufbau mit einer räumlichen Ausdehnung im Bereich von $\xi_{GL}$ stört, ist ein mögliches Verankerungszentrum für die Flusslinien.

Neben der kritischen Stromdichte ist das Irreversibilitätsfeld $\mu_0 H_{irr}$ eine relevante Größe für technische Anwendungen. Zwischen $\mu_0 H_{irr}$ und $\mu_0 H_{c2}$ befindet sich das Material zwar in der

Shubnikov - Phase, aber die thermischen Aktivierungsprozesse im Supraleiter sind so stark, dass sich die Flusslinien von ihren Verankerungszentren losreißen und sich bewegen. Man spricht von einem Vortexglas - Vortexflüssigkeits - Übergang. Dieser Prozess ist irreversibel und mit elektrischen Verlusten verbunden ($j_c = 0$). Die Lage der Irreversibilitätslinie im Phasendiagramm (Abb. 2.6) ist stark von der Art der Pinningzentren im Material abhängig und begrenzt den Bereich, in dem die Flusslinienverankerung effektiv ist. Die Auswirkungen künstlicher Pinningzentren auf das Irreversibilitätsfeld werden bei der Charakterisierung der YBCO - basierten Quasimultilagen näher diskutiert (Kap. 4.4.1 und 4.5.4).

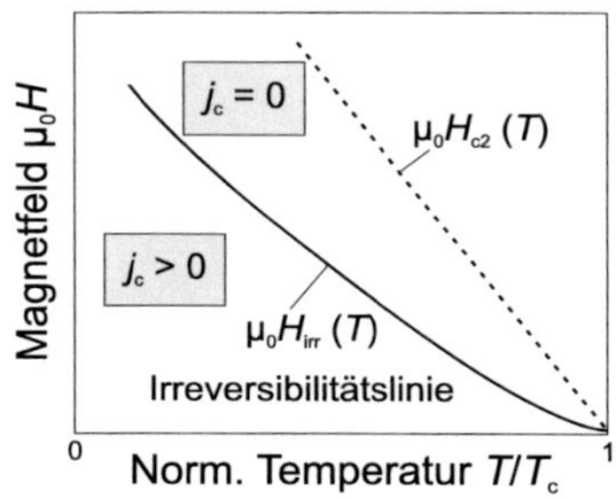


Abb. 2.6: Lage der Irreversibilitätslinie $\mu_0 H_{irr}(T)$ im Phasendiagramm. Das Irreversibilitätsfeld begrenzt den Bereich im Phasendiagramm in dem Pinning effektiv ist und unterteilt dieses somit in die Bereiche, in denen die kritische Stromdichte $j_c = 0$ und $j_c > 0$ ist [FGR03].

# 3 Schichtpräparation und Charakterisierung

Dieses Kapitel beschäftigt sich mit der Herstellung von supraleitenden Dünnschichten mittels gepulster Laserabscheidung (***P**ulsed **L**aser **D**eposition*, PLD). Zwei verschiedene PLD-Geometrien werden näher erläutert. Abschließend werden die in dieser Arbeit verwendeten Charakterisierungsmethoden für dünne Schichten beschrieben.

## 3.1 Gepulste Laserabscheidung von supraleitenden Dünnschichten

Ein gepulster Laserstrahl wurde bereits seit der Entwicklung des Lasers in den 1960er Jahren als direkte Energiequelle für das Wachstum dünner Schichten verwendet [Smi65], [Has69]. Nachdem die PLD in den folgenden beiden Jahrzehnten eher halbherzig weiterentwickelt wurde, erlebte sie mit der Entdeckung der Hochtemperatursupraleiter 1986 einen erneuten Aufschwung. Durch das schnelle und reproduzierbare *in-situ* Wachstum epitaktischer supraleitender Dünnschichten [Ina88, Roa88] war der Erfolg der PLD kaum zu stoppen. Verschiedene Eigenschaften des Verfahrens machen es einzigartig im Wachstum komplexer oxidischer Schichtstrukturen. Dazu gehören der stöchiometrische Materialtransfer und der im Vergleich zu anderen Techniken (z. B. ***M**olecular **B**eam **E**pitaxy*, MBE) einfache Aufbau der PLD-Anlagen [Eas07]. Heutzutage wird die gepulste Laserabscheidung für eine Vielzahl von Materialien, angefangen von einfachen Metallen, über binäre Systeme hin zu komplexen Verbindungen (z. B. [Pat06, Sin05]), verwendet.

Bei der PLD wird ein gepulster Laserstrahl auf ein Target gerichtet, wodurch kleine Mengen an Material lokal aufgeschmolzen und verdampft werden. Das ablatierte Material interagiert mit dem einfallenden Laserpuls und wird vom Target weg beschleunigt. Ein Plasma wird erzeugt, das das Material zum Substrat hin transportiert und das Schichtwachstum ermöglicht. Aufgrund der Absorption einer hohen Laserenergiedichte von einem kleinen Volumen läuft der Ablationsprozess nicht im Gleichgewicht ab, d. h. die Dampfdrücke der einzelnen

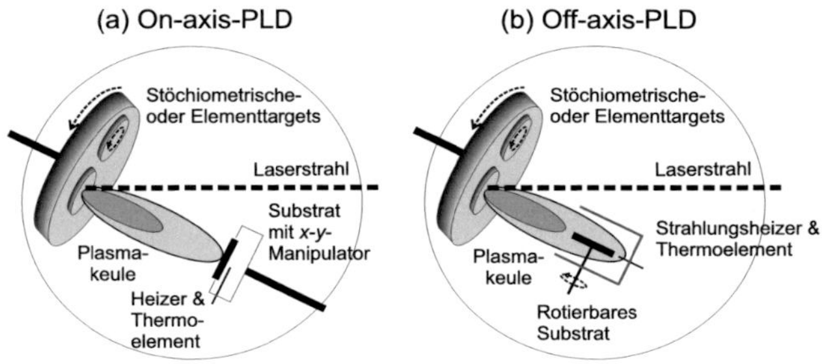


Abb. 3.1: Schematische Darstellung einer (a) On - axis und einer (b) Off - axis - PLD - Anlage, die sich in der Anordnung von Substrat zu Target unterscheiden.

Targetkomponenten spielen keine entscheidende Rolle und der Materialtransfer vom Target zum Substrat erfolgt in der Stöchiometrie, die vom Target vorgegeben wird. Diese bedeutende Eigenschaft der PLD ermöglicht das Wachstum komplexer oxidischer Verbindungen, wie sie in dieser Arbeit im Fall von $YBa_2Cu_3O_{7-\delta}$ (YBCO) oder dem Oxipniktid $La(O_{1-x}F_x)FeAs$ vorliegen.

Die stark vorwärts gerichtete Ausbreitung des Materials zum Substrat hin verursacht in der üblichen On - axis - Geometrie (Abb. 3.1 (a)), bei der Target und Substrat parallel zueinander angeordnet sind, sogenannte Droplets und andere unerwünschte Partikel auf der Schichtoberfläche. Diese beeinflussen das Schichtwachstum negativ und lagern sich auf der Oberfläche der gewachsenen Schichten ab. Dennoch überzeugt diese Anordnung durch ihre relativ hohen Wachstumsraten (für YBCO: ca. 1 Å / Puls) und durch ihre Einfachheit des Kammeraufbaus. Diese Geometrie wird in dieser Arbeit für das Wachstum erster $La(O_{1-x}F_x)FeAs$ Schichten verwendet (siehe Kap. 5).

Mit dem Ziel, sehr glatte, dropletfreie supraleitende Dünnschichten zu wachsen, wurde von Holzapfel *et al.* die sogenannte Off - axis - PLD entwickelt [Hol92]. Bei dieser besonderen wie einfachen Modifikation der üblichen On - axis - Geometrie werden Target und Substrat senkrecht zueinander angeordnet (Abb. 3.1 (b)). Der Strahlungsheizer sorgt hier dafür, dass das Material, das durch die Plasmakeule zum Substrat hin transportiert wird, Streu- und Stoßprozesse erfährt und so ein langsames und kontrolliertes Schichtwachstum ermöglicht. Mikrometergroße Droplets werden im Gegensatz dazu schwerer gestreut und die Wahrscheinlichkeit für eine Anlagerung auf dem Substrat ist weitaus geringer. Neben der Off - axis - Geometrie existieren noch andere PLD - Modifikationen, wie z. B. PLD mit Filterelementen [Pec95] oder Schattenmasken [Tra97], um die Dropletzahl zu minimieren und das Schichtwachstum zu verbessern. Diese sind aber nicht Gegenstand dieser Arbeit. Die Off - axis - Geometrie wird für

die Abscheidung YBCO-basierter Quasimultilagen verwendet (siehe Kap. 4).
Die resultierende Wachstumsrate bei der Schichtabscheidung ist von einer Vielzahl von Faktoren abhängig. Dazu gehören der Target-Substrat-Abstand, der Hintergrundgasdruck während der Abscheidung, die Dichte des verwendeten Targets, die Laserspotgröße und die Laserenergiedichte auf dem Target, sowie die verwendete Geometrie. Typische Abscheideraten von YBCO liegen beispielsweise in der On-axis-Geometrie im Bereich von 1 Å/Puls, während in der Off-axis-Geometrie Abscheideraten von 0,3-0,4 Å / Puls erreicht werden.
Als Substrate werden einkristalline Materialien verwendet, die hinsichtlich ihrer Gitterkonstante vergleichbar mit der aufzuwachsenden Schicht sind. Für das Wachstum von YBCO hat sich (100)-orientiertes $SrTiO_3$ (STO) als am besten geeignet erwiesen. Beim Wachstum erster $La(O_{1-x}F_x)FeAs$-Schichten werden verschiedene Substratsysteme untersucht, deren Einfluss auf das Schichtwachstum in Kap. 5 näher betrachtet wird. Um möglichst homogene Schichten zu erhalten, wird das Material in der Off-axis-Geometrie auf ein rotierendes Substrat abgeschieden. In der Off-axis-Geometrie durchläuft das Substrat in Bezug zur Plasmakeule eine Bewegung in $x$-und $y$-Richtung. In beiden Geometrien wird der Laserstrahl außerdem über das Target gerastert, um einen homogenen Materialabtrag zu gewährleisten.
Für die Phasenbildung der Schicht ist eine Wärmebehandlung notwendig. Diese kann entweder *in-situ* oder *ex-situ* erfolgen. Von einer *in-situ*-Phasenbildung spricht man, wenn das verwendete Substrat vor der Abscheidung auf eine geeignete Temperatur geheizt wird und die Phasenbildung bereits während des Schichtwachstums stattfindet. Im Fall der YBCO-Abscheidung wurde diese *in-situ*-Phasenbildung verwendet. Die *ex-situ*-Phasenbildung ist ein zweistufiger Prozess, bei dem die Abscheidung bei Raumtemperatur stattfindet. Anschließend erfolgt eine Wärmebehandlung. Um die Kontamination der Vakuumkammer mit Arsen und Arsenverbindungen während der $La(O_{1-x}F_x)FeAs$-Abscheidung so gering wie möglich zu halten, werden diese Schichten bei Raumtemperatur hergestellt. Die nachträgliche Wärmebehandlung der Schichten wird ausführlich in Kap. 5 diskutiert.
Die Verwendung verschiedener Hintergrundgase während der Abscheidung unterstützt die *in-situ*-Phasenbildung. Beim Wachstum von YBCO wird aufgrund der oxidischen Natur der Verbindung Sauerstoff als Hintergrundgas genutzt. Außerdem wird die Form der Plasmakeule stark vom Hintergrundgasdruck beeinflusst. Bei der Herstellung der Oxipniktidschichten hat es sich als notwendig herausgestellt, die Abscheidung im Vakuum (ca. $10^{-6}$ mbar) durchzuführen, um die Bildung von unerwünschten Sekundärphasen zu minimieren bzw. zu verhindern.

## 3.2 Charakterisierungsmethoden

### 3.2.1 Strukturelle Charakterisierung

#### Oberflächenbeschaffenheit und Stöchiometrie

Um die Oberflächen der supraleitenden Dünnschichten zu charakterisieren, werden ein Rasterkraftmikroskop (***A****tomic* ***F****orce* ***M****icroscope*, AFM)[1] sowie ein Rasterelektronenmikroskop (***S****canning* ***E****lectron* ***M****icroscope*, SEM / REM)[2] verwendet. Während AFM-Untersuchungen Auskunft über Rauigkeit, Schichtdicken und Profilinformationen geben können, ist die Stärke des Rasterelektronenmikroskops die Kombination aus Oberflächeninformation und stöchiometriebestimmender Röntgenanalyse.

**Rasterkraftmikroskopie** Bei der Rasterkraftmikroskopie wird eine feine Spitze, die an einem Cantilever angebracht ist, über die Schichtoberfläche gerastert. Im *tapping - mode* schwingt dieser Cantilever nahe seiner Resonanzfrequenz und wechselwirkt durch van-der-Waals-Kräfte mit der Schichtoberfläche. Diese Wechselwirkung wird über die Reflektion eines Laserstrahls vom Cantilever detektiert, ausgewertet und ein Höhenprofil der Oberfläche erstellt. Ein Maß für die Rauigkeit der Schichten ist die aus den Höhendaten $z(x,y)$ ermittelte RMS - Rauigkeit (***R****oot* ***M****ean* ***S****quare*). Für $N$ Datenpunkte $z_n$ ist $R_{\mathrm{rms}}$ definiert als die Standardabweichung der Messpunkte

$$R_{\mathrm{rms}} = \sqrt{\frac{\sum_{n=1}^{N}(z_n - \bar{z})^2}{N-1}} \qquad \text{mit der mittleren Höhe} \qquad \bar{z} = \frac{\sum_{n=1}^{N} z_n}{N}. \tag{3.1}$$

Um die Schichtdicken und Abscheideraten der Materialien bestimmen zu können, wird durch Ätzprozesse oder Abscheidung der Schicht über Schattenmasken eine Stufe in die Schicht eingebracht. Durch Abfahren der Stufe mit der AFM - Spitze kann die Schichtdicke ermittelt werden. Die Auswertung der AFM - Daten erfolgt mit der WSxM - Software [Hor07].
Bei der Bestimmung von Partikelgrößen in der Größenordnung des Spitzendurchmessers ist zu berücksichtigen, dass die laterale Auflösung in AFM - Aufnahmen durch das Verhältnis von Spitzengeometrie und Oberflächentopographie beschränkt ist [Spa07a].

**Rasterelektronenmikroskopie** Aus einer Kathode austretende Elektronen werden zwischen der Kathode und einer Lochanode durch eine Hochspannung auf die Probe beschleunigt.

[1]DI Dimensions 3100
[2]Philips XL 20

Ein System von Ablenkspulen ermöglicht die Abrasterung der Probenoberfläche durch den Elektronenstrahl. Die Sekundärelektronen werden detektiert und daraus Oberflächeninformationen gewonnen. Diese relativ schnelle Methode der Bildgewinnung mit hoher Auflösung kann mit röntgenspektroskopischen Verfahren zur Stöchiometriebestimmung, die die durch den Elektronenbeschuss entstehenden Röntgenstrahlen analysieren, kombiniert werden. Unterschieden wird zwischen der wellenlängendispersiven (***W**avelength **D**ispersive **X**-ray spectroscopy*, WDX)[3] und der energiedispersiven (***E**nergy **D**ispersive **X**-ray spectroscopy*, EDX)[4] Röntgenspektroskopie. Während bei EDX das Energiespektrum, der durch den Elektronenbeschuss emittierten Röntgenstrahlung analysiert wird, sind es bei WDX die charakteristischen Wellenlängen desselben Spektrums. Diese Wellenlängen werden einzeln vom WDX Detektor analysiert, was mit einer besseren Auflösung aber auch längeren Messzeiten im Vergleich zu EDX verbunden ist, bei dem das vollständige Spektrum simultan aufgenommen wird. In den durchgeführten WDX - Messungen wird ein Standard verwendet. Der Fehler in der Elementbestimmung liegt dann bei $\pm 1$ at%. Die WDX - Analyse an den Oxipniktiddünnschichten wurde von Frau Sieglinde Pichl durchgeführt.

### Wachstum und Struktur

Zur standardmäßigen Charakterisierung von Wachstum und Phasenzusammensetzung der Dünnschichten wird die Röntgenbeugung benutzt. Dabei wird die einfallende Röntgenstrahlung an regelmäßig angeordneten Ebenen im Kristall gebeugt und deren Intensitätsverteilung detektiert, die charakteristisch für das Material ist. Während bei der Röntgendiffraktometrie[5] (***X**-**R**ay **D**iffraction, XRD*) nur die Orientierung der $c$ - Achse in Bezug zum Substrat beurteilt werden kann (*out-of-plane*), wird bei der Messung der Textur[6] die Orientierung der Kristallite in der Ebene (*in-plane*) analysiert.

**Röntgendiffraktometrie** Röntgenstrahlen werden unter variierendem Winkel $\theta$ auf die Probenoberfläche gerichtet. Wenn die Bragg - Bedingung

$$n\lambda = 2d\sin(\theta) \tag{3.2}$$

($n$ - Beugungsordnung, $\lambda$ - Wellenlänge der Röntgenstrahlung, $d$ - Netzebenenabstand) erfüllt ist, dann interferiert der eingestrahlte mit dem gebeugten Röntgenstrahl konstruktiv.

[3] Microspec WDX System

[4] Genesis EDAX System

[5] Philips X'Pert, Co-K$\alpha$-Strahlung mit $\lambda = 1{,}79$ Å

[6] Philips X'Pert, Cu-K$\alpha$ - Strahlung mit $\lambda = 1{,}54$ Å

In der Bragg - Brentano - Geometrie erfolgt die Detektion der gebeugten Röntgenstrahlen unter einem Winkel $2\theta$ zum Primärstrahl. In dieser Geometrie sind nur die Netzebenen detektierbar, die parallel zur Substratoberfläche orientiert sind. Möchte man neben der Phasenzusammensetzung auch den Grad der $c$ - Achsentextur ermitteln, so wird die Probe bei einem festen $2\theta$ - Winkel verkippt und sogenannte Rockingkurven gemessen. Dafür wird die Halbwertsbreite (**f**ull **w**idth at **h**alf **m**aximum, FWHM) der Messkurven ausgewertet.
Mit Hilfe der Scherrer - Gleichung kann für einzelne Phasen aus Röntgendiffraktogrammen die Reflexbreite ausgewertet werden. Für kubische Systeme kann so einfach auf die mittlere Partikelgröße geschlossen werden:

$$t = \frac{0,9\,\lambda}{\mathrm{FWHM}\cdot\cos(\theta)} \tag{3.3}$$

($t$ - mittlere Partikelgröße, FWHM - Halbwertsbreite des Reflexes, $\theta$ - Winkel der betrachteten Phase im Röntgendiffraktogramm)

**Textur** An ausgewählten Dünnschichten wird neben der *out-of-plane* - Textur auch die *in-plane*-Textur gemessen. Die Probe wird dafür bei einem konstanten $2\theta$ - Winkel gekippt ($\psi$) und zusätzlich gedreht ($\phi$), so dass die Raumrichtungsverteilung der gewählten Kristallrichtung mit einem Vierkreisdiffraktometer bestimmt werden kann. Die Texturmessungen wurden von Ruben Hühne und Tim Niemeier durchgeführt.

### 3.2.2 Elektrische Charakterisierung

#### Induktive $T_c$ - und $j_c$ - Messungen

Induktive Messungen der kritischen Temperatur $T_c$ und der kritischen Stromdichte $j_c$ werden bei den YBCO - Dünnschichten standardmäßig durchgeführt. Die Methode beruht auf der Abschirmung von magnetischen Feldern durch ein supraleitendes Material. Die vorhandenen Messplätze erlauben Messungen bis 77 K, so dass die Charakterisierung der $La(O_{1-x}F_x)FeAs$ - Schichten, die aufgrund niedriger kritischer Temperaturen wesentlich tiefer gekühlt werden müssen, nicht durch induktive Messungen erfolgt.
Bei der Bestimmung von $T_c$ wird die Probe zwischen eine Primär- und eine Sekundärspule gebracht. Die Primärspule erzeugt ein Wechselfeld, das in der Sekundärspule eine Spannung induziert, wenn sich die Probe nicht im supraleitenden Zustand befindet. Wird die Schicht unter $T_c$ abgekühlt, dann wird das magnetische Wechselfeld abgeschirmt und in der Sekundärspule keine Spannung induziert. Detektiert werden sowohl die induzierte Spannung in der Sekundärspule als auch die Phasenverschiebung zwischen beiden Spulen. Die Breite des Über-

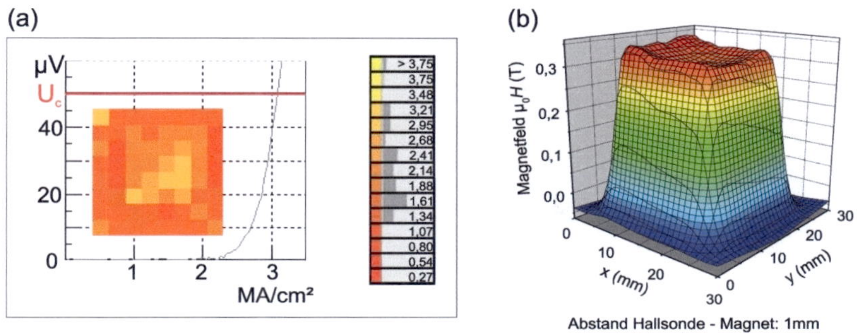


Abb. 3.2: (a) Typische induktive $j_c$ - Messung an einer YBCO - Dünnschicht: Messfeld, Stromdichteverteilung (MA/cm$^2$) und typische Messkurve (b) Magnetfeldprofil der verwendeten NdFeB - Magnete mit $\mu_0 H = 0{,}3\,\mathrm{T}$ bei 77 K.

gangs ist ein Maß für die Homogenität der Schicht.

Die Messung der kritischen Stromdichte $j_c$ beruht auf einem ähnlichen Prinzip. Die Probe befindet sich in einem Flüssig - Stickstoff - Reservoir[7] (77 K); Primär- und Sekundärspule sind identisch. Die dritte harmonische Entwicklung der selbstinduzierten Spannung, die nur im Übergang des Materials vom normalleitenden zum supraleitenden Bereich auftritt, wird gemessen. Überschreitet diese ein bestimmtes Kriterium $U_c$, das vorher an einem Messsteg kalibriert wurde, dann ist $j_c$ erreicht. Die Probe kann durch den Messkopf in einem bestimmten Raster abgefahren werden. So erhält man einen Eindruck über die Stromdichteverteilung und damit auch die Homogenität der Probe (Abb. 3.2 (a)). Allerdings werden die $j_c$ Messwerte am Rand der Schicht durch Kanteneffekte verfälscht, was zu niedrigen bzw. auch zu hohen, fehlerbehafteten $j_c$ Werten führt. Demzufolge werden für die Charakterisierung der Probe die maximalen Messwerte aus der Mitte der Schicht benutzt. Eine weitere Option dieser Messanordnung ist die Messung von $j_c$ in einem magnetischen Feld mit $\mu_0 H = 0{,}3\,\mathrm{T}$. Dafür wird die Schicht auf herkömmliche NdFeB - Magnete geklebt und diese dann abgekühlt (Abb. 3.2 (b)).

### Transportmessungen

Die supraleitenden Eigenschaften der Dünnschichten wurden zusätzlich zu den induktiven Messungen (YBCO bis 77 K) mit Transportstrommessungen[8] charakterisiert. Das Messprinzip entspricht dem der klassischen Vierpunktmessung. Über zwei äußere Kontakte wird der

[7] ThevaCryoscan
[8] Quantum Design **P**hysical **P**roperty **M**easurement **S**ystem , PPMS

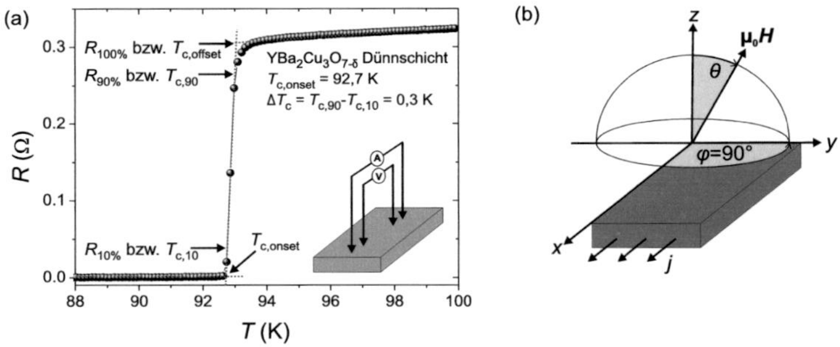


Abb. 3.3: (a) Typische $R(T)$ - Kennlinie einer YBCO - Dünnschicht. Die ausgewerteten Parameter sind eingezeichnet. (b) Messanordnung der Bestimmung der Anisotropie von $j_c$ und $\mu_0 H_{c2}$.

Strom zugeführt; die beiden inneren Kontakte dienen dem Spannungsabgriff. Mit dem vorhandenen PPMS sind Messungen im Temperaturbereich von 2 - 400 K und in einem Magnetfeld bis $\mu_0 H = 9$ T möglich.

Für die Transportstrommessungen stehen zwei verschiedene Messmethoden zur Verfügung. Nutzt man einen konstanten Strom, kann die Spannung und damit der Widerstand in Abhängigkeit anderer Größen, wie der Temperatur oder dem Magnetfeld, gemessen werden. Typische Parameter sind ein Strom von 100 $\mu$A bei einer Aufheizrate von 1 K/min oder einer Rate von 0,2 T / s. Man muss allerdings beachten, dass diese Messungen an unstrukturierten Proben zu Verfälschungen des Messergebnisses führen, da sich der Strom den Weg des geringsten Widerstands durch das Material sucht[9]. Die aufgenommenen Kennlinien entsprechen dem Idealfall, d. h. dem bestmöglichen Strompfad, und werden für die Auswertung von $T_c$, $\mu_0 H_{irr}$ und $\mu_0 H_{c2}$ verwendet. $T_{c,onset}$ wird als der Punkt in der $R(T)$ - Kennlinie definiert, bei dem die Tangente des Übergangsbereichs die Nulllinie schneidet; $\Delta T_c$ wird berechnet als Differenz zwischen $T_{c,90}$ und $T_{c,10}$ (Abb. 3.3 (a)). Die Auswertung von $\mu_0 H_{irr}$ der YBCO - Schichten erfolgt bei einem elektrischen Feldkriterium von $E = 10\,\mu$V/cm ($I = 1$ mA, $R = 2$ m$\Omega$). $\mu_0 H_{c2}$ wird aus den $R(T, \mu_0 H)$ - Graphen mit einem Kriterium von 90 % des Widerstands extrahiert, der aus dem Schnittpunkt der Tangenten des normalleitenden Bereichs mit der Tangente des supraleitenden Übergangs, entsteht.

Die zweite Messoption ist das Fahren einer Stromrampe und die Messung der abfallenden Spannung bei z. B. konstanter Temperatur oder konstantem Magnetfeld. Dieser Modus wird für die Aufzeichnung von Strom - Spannungskennlinien genutzt, aus denen u. a. die kritische Stromdichte $j_c$ bestimmt werden kann. Aufgrund der hohen auftretenden Stromdichten und

[9] Dieser Effekt ist als *Perkolation* bekannt.

zur besseren Vergleichbarkeit der Proben untereinander ist es für die $j_c$ - Messungen notwendig die Proben zu strukturieren. Für $R(T,B)$ - Messungen ist eine Strukturierung auch sinnvoll, allerdings bei schneller Bestimmung von $T_c$ nicht notwendig. In die Schichten werden dafür Strukturen mit definierter Geometrie durch photolithographische und Ätzprozesse übertragen [Hän05a]. Die entstandenen Stege haben eine Länge $l$ von 0,8 mm und eine Breite $b$ von 50 $\mu$m; die Schichtdicke bestimmt den Querschnitt des Stegs. Nach vollständiger Strukturierung werden die Kontaktflächen vergoldet, um geringe Kontaktwiderstände zu gewährleisten. Die Auswertung der kritischen Stromdichte erfolgt unter Berücksichtigung der Steggeometrie an einem ausgewählten Kriterium der $E(j)$ - Kennlinien, typischerweise 1 $\mu$V/cm.
Das PPMS erlaubt es außerdem, die Proben über einen Rotatoreinsatz bei den verschiedenen Messoptionen in verschiedene Winkel zum angelegten äußeren Magnetfeld zu bringen (Abb. 3.3 (b)). Diese Option ist wichtig für die Bestimmung der Anisotropie von $j_c$ oder $\mu_0 H_{c2}$. Die Rotation der Probe im Magnetfeld erfolgt so, dass die Probe sich immer in der Konfiguration der maximalen Lorentzkraft (d. h. $\mu_0 H$ steht immer senkrecht auf $j$) befindet.

### 3.2.3 Lokalaufgelöste Strukturanalyse

In dieser Arbeit wurde an ausgewählten Proben eine lokalaufgelöste Strukturanalyse mittels Transmissionselektronenmikroskopie (***T****ransmission* ***E****lectron* ***M****icroscopy*, TEM)[10] durchgeführt. Die Probe wird mit einem fokussierten Ionenstrahl (***F****ocused* ***I****on* ***B****eam*, FIB)[11] aus der Schicht geschnitten. Die so entstandene Querschnittslamelle wird nachträglich mit Ionen soweit gedünnt, dass sie für Elektronen transparent wird. Dieses Verfahren ermöglicht eine im Vergleich zur herkömmlichen mechanischen Methode schnelle Probenpräparation.
Die Lamelle liefert eine direkte Abbildung der Schichtstruktur und des Schichtwachstums. Beugungsbilder geben ebenso lokal aufgelöst Informationen über die vorhandenen Phasen in der Probe. Überlagern sich mehrere Gitter in Bezug zur Durchstrahlrichtung der Elektronen, so entstehen sogenannte Moirékontraste. Die Überlagerung kann translatorisch, rotatorisch oder als Überlagerung beider Operationen entstehen. Aus dem Linienabstand des entstandenen Moirékontrastes kann auf die beteiligten Gitter geschlossen und die vorhandenen Phasen in der Schicht identifiziert werden.
Die TEM Untersuchungen an den $Y_2Ba_4CuZrO_y$ / YBCO - Quasimultilagen wurden von Thomas Thersleff durchgeführt (Kap. 4.5.5). Die Bildgewinnung und Kontrastentstehung im TEM sowie Moiréanalyse und Beugungsbilder werden in dessen Dissertation ausführlich erklärt [The11].

[10] FEI Tecnai T20, 200 kV Beschleunigungsspannung, $LaB_6$ Kathode sowie FEI Titan[3], 300 kV Beschleunigungsspannung, Feldemissionskathode
[11] Carl Zeiss 1540 XB

# 4 $YBa_2Cu_3O_{7-\delta}$ - basierte Quasimultilagen

Seit der Entdeckung der Hochtemperatursupraleitung im Jahr 1986 [Bed86] sind zahlreiche supraleitende Kupratverbindungen gefunden worden. Das bekannteste und auch am weitesten erforschte Material ist $YBa_2Cu_3O_{7-\delta}$ (YBCO) [Wu87], dessen Struktur im ersten Abschnitt dieses Kapitels behandelt wird. Die damit verbundenen Auswirkungen auf die Stromtragfähigkeit im Magnetfeld sind Gegenstand des zweiten Abschnittes. Der Fokus liegt hier auf der Winkel- und der Magnetfeldabhängigkeit der kritischen Stromdichte $j_c$.

Anzahl und Effektivität natürlicher Pinningzentren in YBCO sind für eine technische Nutzung nicht ausreichend. Eine Methode, künstliche Pinningzentren in das Material einzubringen, ist die Herstellung YBCO - basierter Quasimultilagen. Im dritten Abschnitt wird dieses Verfahren erläutert und die in der Literatur veröffentlichten Ergebnisse dargestellt sowie die Vorteile der in dieser Dissertation verwendeten Off-axis-PLD und deren Parameter diskutiert.

Es werden zwei verschiedene Materialien in den YBCO - basierten Quasimultilagen untersucht: metallisches Hafnium sowie das Doppelperowskit $Y_2Ba_4CuMO_y$ ($M = \mathrm{Zr}, \mathrm{Nb}$) (Zr2411 bzw. Nb2411). Die Eigenschaften dieser Systeme werden in den beiden Hauptabschnitten dieses Kapitels zusammengefasst.

## 4.1 Der Hochtemperatursupraleiter $YBa_2Cu_3O_{7-\delta}$

Die Kristallstruktur von YBCO ist die eines komplexen Perowskits, das aus drei einzelnen, unabhängigen, *perowskitähnlichen* Elementarzellen zusammengesetzt ist (Abb. 4.1 (a))[1]. Anders betrachtet weist YBCO wie alle Mitglieder der Kupratfamilie eine ausgeprägte Schichtstruktur auf, in der sich Lagen aus Kupferoxid mit Zwischenschichten anderer Elemente abwechseln. Je zwei dieser Kupferoxidebenen sind eng benachbart (Abstand ca. 0,3 nm). In ihnen ist jedes Kupferion in der $a$-$b$-Ebene quadratisch von Sauerstoffionen umgeben und

[1] Die *ideale* Perowskitstruktur $ABX_3$, die auf das kubische $CaTiO_3$ zurückgeht, bildet sich in den Kupraten nicht aus. Die abweichende Sauerstoffbeladung im orthorhombischen und tetragonalen Fall sorgt dafür, dass *perowskitähnliche* Zellen entstehen [Buc04, Wal96].

bildet so $CuO_2$ - Lagen. Zwischen diesen eng benachbarten Kupferoxidebenen befindet sich im Fall von YBCO ein Yttriumion. Der $CuO_2$ - Doppelschicht folgt eine Bariumoxidzwischenlage und eine weitere Kupferoxidschicht. Der Sauerstoffgehalt dieser weiteren Kupferoxidschicht spielt eine wesentliche Rolle bei der Ausbildung der supraleitenden Eigenschaften von YBCO. Für kleine Sauerstoffkonzentrationen bzw. einem Defizit von $\delta > 0{,}6$ existieren in dieser Kupferoxidschicht keine Sauerstoffionen (Abb. 4.1 (a)). Diese Form des YBCO ist tetragonal und nicht supraleitend. Mit wachsender Sauerstoffbeladung bilden sich entlang der $b$ - Achse Cu - O - Ketten und das Material wandelt von der tetragonalen in die orthorhombische Kristallstruktur um (Abb. 4.1 (b)). Es kommt nicht nur zu einer Komprimierung des Gitters in $a$ - Richtung, sondern den $CuO_2$ - Ebenen werden zunehmend Elektronen entzogen, da jedes in die Kette eingebrachte Sauerstoffion zwei Elektronen aus den $CuO_2$ - Ebenen bindet. Die durch diesen Dotierungsprozess entstehenden Löcher erhöhen die Leitfähigkeit in den Ebenen und tragen zur Cooperpaarbildung bei. Ab einem Sauerstoffgehalt von $\delta \leq 0{,}6$ wird das Material supraleitend und die kritische Temperatur $T_c$ erreicht für $\delta = 0{,}06$ ein Maximum von 93 K [Bre95]. Erhöht man den Sauerstoffgehalt weiter, so sinkt $T_c$ um maximal 4 K ab, was mit einer Überdotierung der $CuO_2$ - Ebenen erklärt werden kann.

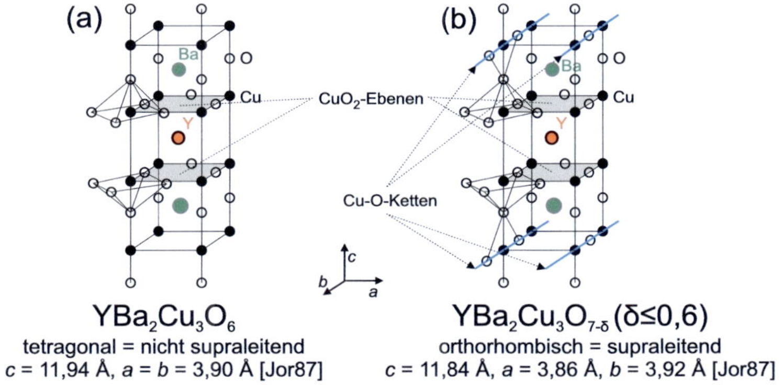


Abb. 4.1: Schematische Darstellung der Kristallstruktur (a) des Isolators $YBa_2Cu_3O_6$ und (b) des Supraleiters $YBa_2Cu_3O_{7-\delta}$ ($\delta \leq 0{,}6$) [Jor87]. Die Ausbildung der Cu - O - Ketten in $b$ - Richtung entscheidet über die supraleitenden Eigenschaften.

YBCO gehört, wie alle kupratbasierten Hochtemperatursupraleiter, zur Familie der stark anisotropen Supraleiter II. Art. Der supraleitende Stromtransport findet hauptsächlich in den $CuO_2$ - Ebenen statt und $\kappa$ ist mit 95 sehr viel größer als $1/\sqrt{2}$ [Buc04]. Während die Eindringtiefe $\lambda_L$ in im YBCO sehr groß ist ($\lambda_a = \lambda_b \approx 150$ nm und $\lambda_c \approx 0{,}8\,\mu$m für $T = 0$ K [Buc04]) sind die Kohärenzlängen $\xi_{GL}$ sehr klein ($\xi_{a,b} \approx 1{,}6$ nm und $\xi_c \approx 0{,}3$ nm [Buc04]). Aus diesen

Werten bzw. den effektiven Massen der Ladungsträger $m_{\mathrm{a,b}}$ bzw. $m_{\mathrm{c}}$, die den Ladungstransport in den verschiedenen Richtungen im Material beschreiben, kann die Anisotropiekonstante $\gamma$ berechnet werden. Diese Konstante beschreibt den Grad der Anisotropie der Materialien. Für YBCO liegt $\gamma$ zwischen 5 und 7 [Tin04, Far90, Civ04c].

## 4.2 Stromtransport in $YBa_2Cu_3O_{7-\delta}$

Der schichtartige Aufbau und die damit verbundene Anisotropie der elektrischen Eigenschaften beeinflussen die kritische Stromdichte $j_{\mathrm{c}}$ im Magnetfeld. Legt man das Magnetfeld in verschiedenen Richtungen an den Supraleiter an, so verändert sich $j_{\mathrm{c}}$ je nach Feldrichtung grundlegend. Im ersten Abschnitt wird dieser charakteristische Verlauf sowie der Einfluss von Pinningzentren auf die Winkelabhängigkeit der kritischen Stromdichte diskutiert. Zwei verschiedene Modelle zur Beschreibung der Anisotropie werden vorgestellt. Auch die Magnetfeldabhängigkeit von $j_{\mathrm{c}}$ (z. B. für $\mu_0 H \,||\, c$) hängt vom Pinningverhalten ab und ist Gegenstand des anschließenden Abschnittes.

### 4.2.1 Anisotropie der elektrischen Eigenschaften

Durch die Anisotropie der Eindringtiefe $\lambda_{\mathrm{L}}$ und der Kohärenzlänge $\xi_{\mathrm{GL}}$ verhalten sich magnetische Flusslinien, die parallel (0°) bzw. senkrecht zur $c$ - Achse (90°) in das Material eindringen, verschieden. Liegt das Magnetfeld parallel zur $c$ - Achse an, so weisen die Flusslinien einen kreisrunden Querschnitt auf. Die supraleitenden Ringströme um den Vortexkern können in den supraleitenden Ebenen fließen. Diese Flusslinien heißen Abrikosov - Vortizes. Flusslinien, die senkrecht zur $c$ - Achse eindringen, sind nicht kreisrund, sondern ellipsenförmig. Die Hauptachse der Ellipse wird durch $\xi_{\mathrm{ab}}$ charakterisiert, während die Nebenachse durch $\xi_{\mathrm{c}}$ bestimmt wird. Die supraleitenden Ringströme werden somit durch den natürlichen Schichtaufbau des YBCO eingeschränkt. Diese Josephson - Vortizes sind im Vergleich zu den Abrikosov - Vortizes sehr stark in den Zwischenebenen verankert, was zu einer hohen kritischen Stromdichte führt. Dieser Effekt ist als *intrinsisches Pinning* bekannt [Roa90]. Tritt das Magnetfeld in einem Winkel zwischen 0° und 90° zur $c$ - Achse in den Supraleiter ein, so spalten sich die Flusslinien in Abrikosov - bzw. Josephson - Vortizes auf (idealisiert in Abb. 4.2 (a)). In realen YBCO - Dünnschichten können die Flusslinien auch dem äußeren angelegten Magnetfeld folgen.

Das starke intrinsische Pinning resultiert in einer hohen kritischen Stromdichte für $\mu_0 H \,||\, ab$ in der typischen Winkelabhängigkeit von $j_{\mathrm{c}}$ einer YBCO - Dünnschicht [Civ04a] (Abb. 4.2 (b1)). Neben dieser Form des intrinsischen Pinnings kann zusätzlich zwischen korreliertem

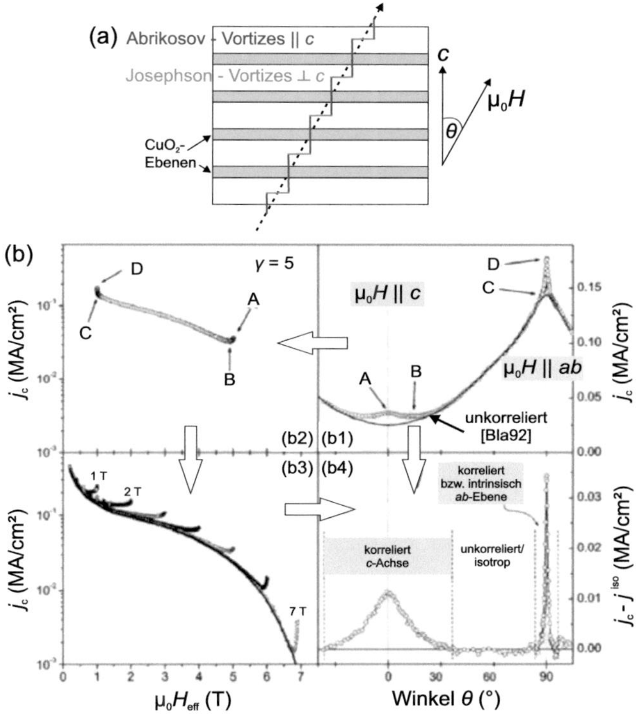


Abb. 4.2: (a) Aufspaltung der Flusslinien in Abrikosov- und Josephson-Vortizes im idealisierten, stark anisotropen Supraleiter. (b) Blatter-Skalierung der Winkelabhängigkeit der kritischen Stromdichte $j_c$ einer YBCO-Dünnschicht (Glg. 4.1). Durch die Skalierung kann der unkorrelierte Anteil des Pinnings ermittelt werden. So wird die Unterscheidung in korreliertes und unkorreliertes (isotropes) Pinning möglich [Civ04b].

und unkorreliertem Pinning unterschieden werden [Fol07, Civ04c, Civ04b]. Andere Effekte, wie Vortextrapping und -locking, werden hier vernachlässigt [Bla94].

Das *korrelierte* Pinning entsteht durch linear angeordnete Defektstrukturen. Diese sind am wirkungsvollsten, wenn das von außen angelegte Magnetfeld und damit die eindringenden Flusslinien parallel zu diesen Defekten anliegen. Mit größer werdender Abweichung des Magnetfeldes von der Defektorientierung verringert sich der Pinningeffekt. In der Winkelabhängigkeit der kritischen Stromdichte wird korreliertes $c$-Achsen-Pinning durch ein Maximum bei $\theta = 0° \Rightarrow \mu_0 H \,||\, c$ und korreliertes (intrinsisches) Pinning in der $ab$-Ebene durch ein Maximum bei $\theta = 90° \Rightarrow \mu_0 H \,||\, ab$ deutlich (Abb. 4.2 (b1)).

Als *unkorreliert* wird Pinning bezeichnet, wenn es durch statistisch verteilte Defekte in der Matrix entsteht. Blatter *et al.* fanden ein Anisotropie-Skalierungsgesetz, das dieses unkorrelierte Pinning beschreibt (in Abb. 4.2 (b1) durch die durchgängige schwarze Linie gekennzeichnet) [Bla92]:

$$\begin{aligned} j_c\,(H\,,\theta) &= j_c\,(\tilde{H}) \qquad (4.1)\\ \text{mit} \quad \tilde{H} = H_{\text{eff}} = H\cdot\epsilon\,(\theta) \quad \text{und} \quad \epsilon\,(\theta) &= (\cos(\theta)^2+\gamma^{-2}\sin(\theta)^2)^{1/2} \end{aligned}$$

Skaliert man die Anisotropiedaten nach dieser Gleichung (beispielhaft für $\mu_0 H = 5\,\mathrm{T}$ in Abb. 4.2 (b2) und für alle Magnetfelder (b3)), können die korrelierten und unkorrelierten Anteile getrennt werden (b4). Kolumnare Defekte verursachen somit ein zusätzliches Maximum für $\mu_0 H \,||\, c$. Der Parameter, der für die Blatter-Skalierung interessant ist, ist die Massenanisotropie $\gamma$. Diese wird in dieser Arbeit für die hier untersuchten YBCO-Quasimultilagen immer mit $\gamma = 5$ angenommen [Civ04b] (Kap. 4.1, 4.4.1 und 4.5.4). Puig *et al.* zeigten, dass diese Skalierung in $BaZrO_3$-dotierten YBCO-Schichten nur mit einer deutlich verringerten effektiven Massenanisotropie $\gamma_{\text{eff}} = 1{,}4$ funktioniert [Pui08]. Allerdings existiert für diese $\gamma$-Variation bisher keine physikalische Erklärung [Pat10].
Ein anderes Modell zur Beschreibung der Winkelabhängigkeit der kritischen Stromdichte ist das Vortexpfadmodell [Lon08, Pat10]. Die Flusslinien folgen hier einem zufälligen Pfad durch den Supraleiter, der durch Schrittkombinationen im Inneren des Materials der generellen Richtung des äußeren Magnetfeldes entspricht. Diese Schritte werden durch lokale Minima bestimmt, die wiederum durch die natürlichen und künstlichen Pinningzentren sowohl in $a, b$-als auch in $c$-Richtung und durch einen isotropen Anteil beschrieben werden. So kann der Kurvenverlauf im gesamten Winkelbereich angenähert werden:

$$j_c(\theta) = j_c^{\text{Defekte}\,||\,ab}(\theta) \;+\; j_c^{\text{Defekte}\,||\,c}(\theta+90^\circ) \;+\; j_c^{\text{Iso}}(\theta) \qquad (4.2)$$

Der Anteil von $j_c\,(\theta)$, der durch korrelierte Defekte in $a, b$- bzw. $c$-Richtung entsteht, wird in diesem Modell durch jeweils einen Gauss- und einen Lorentz-Term beschrieben. Gleichung 4.3 zeigt diese Addition von Gauss- und Lorentz-Funktion beispielhaft für die Defekte in $a, b$-Richtung. Analog dazu kann so auch der Beitrag der $c$-Defekte beschrieben werden. ($\eta$: Gauss- bzw. Lorentz-Anteil ($0<\eta<1$)), $\Gamma$ beschreibt die Form der Gauss- bzw. Lorentz-Anteile)

$$j_c^{\text{Defekte}\,||\,ab}(\theta) = j_0^{ab}\left(\frac{1-\eta}{\sin(\theta)^2}\exp\left(-\frac{1}{2\Gamma_{\text{G},ab}^2\tan(\theta)^2}\right)+\frac{\eta}{\cos(\theta)^2+\Gamma_{\text{L},ab}^2\sin(\theta)^2}\right) \qquad (4.3)$$

Die zufällig in der Matrix verteilten isotropen Defekte verursachen den Anteil $j^{\mathrm{Iso}}$, der mithilfe der Blatter-Skalierung (Glg. 4.1) ermittelt und mit Glg. 4.4 angenähert werden kann [Ayt06, Zue08].

$$j_{\mathrm{c}}^{\mathrm{Iso}}(\theta) = j_{\mathrm{c,Eigenfeld}} \left(1 + \frac{H}{H_{\mathrm{z}}}\right)^{-p} \left(1 - \frac{H}{H_{\mathrm{irr}}^{\mathrm{Iso}}}\right)^{q} \tag{4.4}$$

Weitere Details des Vortexpfadmodells werden von Long und Paturi [Lon08, Pat10] erläutert. Für die hier analysierten Quasimultilagen steht das Verhältnis von isotropem und korreliertem Anteil $|| c$ im Mittelpunkt der Analyse. ($H_{\mathrm{z}}$ - Fitparameter, der der Größenordnung des Akkomodationsfelds $H^*$ entspricht (siehe Kap. 4.2.2), $H_{\mathrm{irr}}^{\mathrm{Iso}}$ - Fitparameter für das Irreversibilitätsfeld, das von isotropen Defekten verursacht wird, $p = \alpha + 1 = 0{,}5$ und $q = 2$ - Parameter aus Kramer-Annäherung der Pinningkraftdichte [Kra73, Zue08]).
Betrachtet man relevante technische Systeme (z. B. Leitermaterialien), so fließt der supraleitende Transportstrom immer entlang der $CuO_2$-Ebenen. Auch im Nullfeld ist dieser Strom immer mit Magnetfeldkomponenten verbunden, die parallel zur $c$-Achse anliegen. Zusätzlich zu diesen Eigenfeldern werden, z. B. bei der Nutzung der Leiter in supraleitenden Spulen, Magnetfelder erzeugt, so dass Magnetfeldkomponenten mit $\mu_0 H \,||\, c$ bzw. schrägen Komponenten am Supraleiter anliegen. Um hohe kritische Stromdichten zu erreichen, ist es demzufolge unerlässlich, das Pinningverhalten der Dünnschichten in $c$-Richtung zu verbessern. Durch das gezielte Einbringen von korrelierten Defekten, die sich entlang der $c$-Achse bilden, kann diese Anforderung realisiert werden. Kapitel 4.3 stellt verschiedene dafür verwendete Methoden vor.

### 4.2.2 Magnetfeldabhängigkeit der kritischen Stromdichte für $\mu_0 H \,||\, c$

Das Magnetfeld $\mu_0 H \,||\, c$ und damit die Zahl der Abrikosov-Vortizes, die das Material durchdringen, hat einen maßgeblichen Einfluss auf die kritische Stromdichte $j_{\mathrm{c}}$. In doppeltlogarithmischer Darstellung der $j_{\mathrm{c}}(\mu_0 H)$-Abhängigkeit lassen sich drei unterschiedliche Bereiche erkennen (Abb. 4.3) [Dam99]:

1. Der erste Bereich ($H < H^*$) wird durch den magnetfeldunabhängigen Verlauf der kritischen Stromdichte $j_{\mathrm{c}}$ gekennzeichnet. Bis zu einem charakteristischen $H^*$ regiert das *„single-vortex-pinning“*, d. h. im Mittelpunkt steht die Wechselwirkung zwischen Flusslinie und Pinningzentrum. Die Wechselwirkung der Flusslinien untereinander kann wegen ihres großen Abstandes vernachlässigt werden. $H^*$ wird als Akkommodationsfeld bezeichnet [KE96, Dam99].

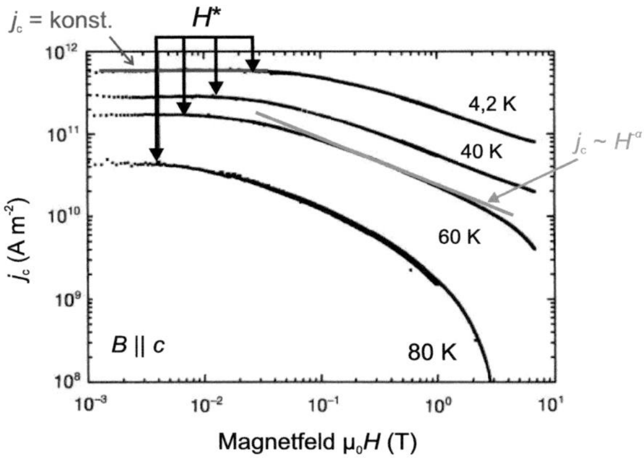


Abb. 4.3: $j_c$ - Magnetfeldabhängigkeit einer einkristallinen YBCO - Schicht bei verschiedenen Temperaturen (ermittelt aus Magnetisierungsmessungen). $H^*$ bezeichnet das Magnetfeld, bei dem die kritische Stromdichte nicht mehr konstant ist [Dam99].

2. Der folgende Bereich wird durch die Wechselwirkung der Flusslinien untereinander dominiert. Der Verlauf der Kennlinie wird durch ein Potenzgesetz angenähert: $j_c \propto H^{-\alpha}$. Der Parameter $\alpha$ beschreibt den Abfall der kritischen Stromdichte im Magnetfeld, d. h. je kleiner $\alpha$, desto geringer ist der Abfall von $j_c$ im Magnetfeld. Für undotierte Dünnschichten sind Werte von $\alpha \approx 0{,}5$ charakteristisch [Hän05a]. Thompson *et al.* zeigten, dass $\alpha$ temperaturabhängig ist [Tho08].

3. Der starke, nahezu exponentielle Abfall von $j_c$ im dritten Bereich wird durch die Nähe zum Irreversibilitätsfeld bestimmt.

Die Beschreibung des zweiten Bereiches mit einem Potenzgesetz ist nicht optimal. Da jedoch $j_c$ - Messungen in kleinsten Magnetfeldern sehr zeitaufwändig sind, ist die Annäherung des Potenzgesetzes mit dem Vergleich des Exponenten $\alpha$ eine gute Methode für die Charakterisierung der Dünnschichten [Hän05a]. Mit Glg. 4.4, einer Kombination aus modifiziertem Kim - Modell und Kramer - Skalierung [Xu90], können alle drei $j_c(\mu_0 H)$ - Bereiche angenähert werden [Ayt06, Zue08].

## 4.3 YBCO - basierte Quasimultilagen

Der gezielte Einbau von künstlichen Pinningzentren (z. B. nanoskalige Fremdphasen) in YBCO - Dünnschichten ist einer der Schwerpunkte in der angewandten Supraleiterforschung. Man unterscheidet zwischen der Substratdekoration, der homogenen Verteilung der Partikel in der Schicht und der Herstellung sogenannter Quasimultilagen aus YBCO und einer Fremdphase (Abb. 4.4).

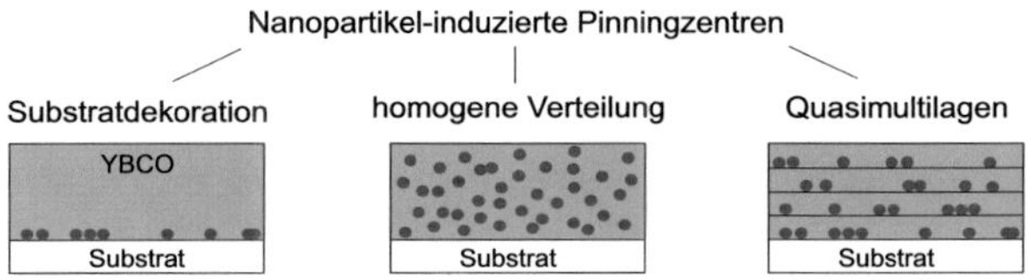


Abb. 4.4: Nanopartikel - induzierte Pinningzentren in supraleitenden Dünnschichten.

Bei der *Substratdekoration* werden Partikelanzahl und -größe *vor* der Abscheidung der supraleitenden YBCO - Schicht auf dem Substrat eingestellt [Mel06, Spa07b]. Die *homogene Verteilung* von Nanopartikeln sowohl bei physikalischen als auch bei chemischen Abscheideverfahren ist für die technische Nutzung vielversprechend. Als sehr gut geeignete Pinningzentren haben sich die Perowskit-Phasen erwiesen: Ba$MO_3$ ($M$ = Metall z. B. Zr, Sn, Hf) [MD04, Gut07, Eng07]. Diese stark gepinnten Systeme zeigen kleine $\alpha$ - Werte von 0,2 - 0,3 [Var06, Gap05] und damit einen geringen Abfall von $j_c$ im Magnetfeld.
Diese Dissertation beschäftigt sich mit der Herstellung von *Quasimultilagen* mittels PLD, d. h. der Abscheidung vollständiger YBCO - Schichten und unvollständiger Schichten der Fremdphase. Dieses Verfahren bietet eine gute Möglichkeit, den Einfluss der Fremdphase auf die supraleitenden Eigenschaften der Schicht im Labormaßstab zu untersuchen. Die gewonnenen Erkenntnisse können dann in andere Herstellungsmethoden (z. B. die homogene Abscheidung) überführt und so für eine technische Herstellung genutzt werden. YBCO - basierte Quasimultilagen mit $Y_2BaCuO_5$ (211) [Hau04], Ba$MO_3$ Partikeln [Hän05b, Hän06] und $Y_2O_3$ [Cai05] zeigen eine deutliche Verbesserung der supraleitenden Eigenschaften im Magnetfeld.

### Herstellung von YBCO - basierten Quasimultilagen

Bei der Herstellung der Quasimultilagen werden abwechselnd vollständige YBCO ($m$ Pulse) und unvollständige Lagen der Fremdphase bzw. des Dotiermaterials ($n$ Pulse) abgeschieden. Dieser Prozess wird $L$ - mal wiederholt. Die Struktur lässt sich mit $L \times$ ($m$ Pulse YBCO / $n$ Pulse Fremdphase) zusammenfassen.

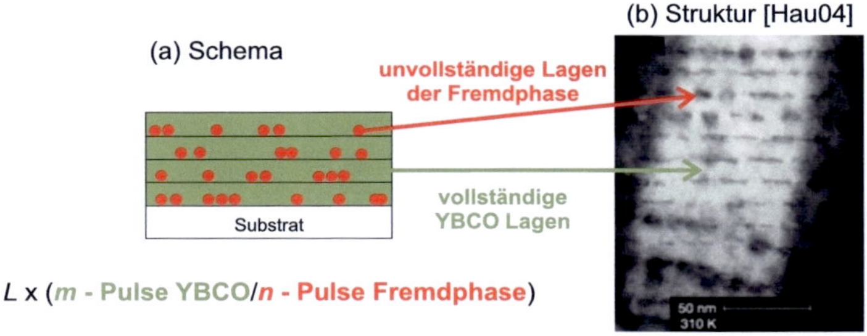


Abb. 4.5: (a) Schema der untersuchten Quasimultilagen; (b) TEM Ansicht einer $Y_2BaCuO_5$ (211) / YBCO - Quasimultilage [Hau04]. Der Aufbau aus vollständigen YBCO - und unvollständigen Lagen der Fremdphase ist deutlich erkennbar.

Abbildung 4.5 zeigt (a) das Schema einer Quasimultilage und (b) eine TEM - Aufnahme einer $Y_2BaCuO_5$ (211) / YBCO - Quasimultilage [Hau04]. Durch die Erhöhung der Pulszahl auf das Target der Fremdphase wird die Dotierkonzentration in der YBCO - Schicht ($L \times n$) variiert. Während man bei der Abscheidung aus gemischten Targets für jede Dotierkonzentration ein neues Target benötigt, ist die Herstellung von Quasimultilagen mit verschiedenen Dotierkonzentrationen sehr flexibel.

### Verbesserung der Pinningeigenschaften in On - axis - Quasimultilagen aus metallischem Hafnium und YBCO

Hänisch *et al.* zeigten, dass in Quasimultilagen aus YBCO und metallischem Hafnium eine deutliche Erhöhung (a) der kritischen Stromdichte $j_c$ und (b) des Irreversibilitätsfeldes $\mu_0 H_{irr}$ im Vergleich zu undotierten YBCO - Schichten zu beobachten ist (Abb. 4.6) [Hän05a]. Das metallische Hafnium reagiert während der Abscheidung zu perowskitischem $BaHfO_3$. Mit einer Gitterkonstante von 4,17 Å baut es sich epitaktisch in die YBCO - Matrix ein. Die verursachten Störungen des Gitters sind bei geringen Dotierkonzentrationen nur minimal, so dass das Schichtwachstum der YBCO - Schicht nicht gestört wird. Die eingebrachten Partikel erzeugen, zusätzlich zu den natürlichen Pinningzentren, nanoskalige korrelierte Defekte, die sich parallel zur $c$ - Achse im YBCO ausbilden. Erhöht man die Dotierkonzentration weiter, so wird das Wachstum der YBCO - Phase gestört und der supraleitende Querschnitt in der Schicht wird zu gering. Somit sinkt $j_c$ bei einem zu großen Hafniumanteil (Abb. 4.6 (a)) [Hän05a]. Aus den Ergebnissen dieser On - axis - Quasimultilagen, wird deutlich, dass *„sich genauere Untersuchungen im Bereich weniger Pulse und Lagen anschließen“* [Hän05a] sollten. Außerdem soll der Einfluss der künstlich eingebrachten Pinningzentren unter gleichzeitiger Minimierung

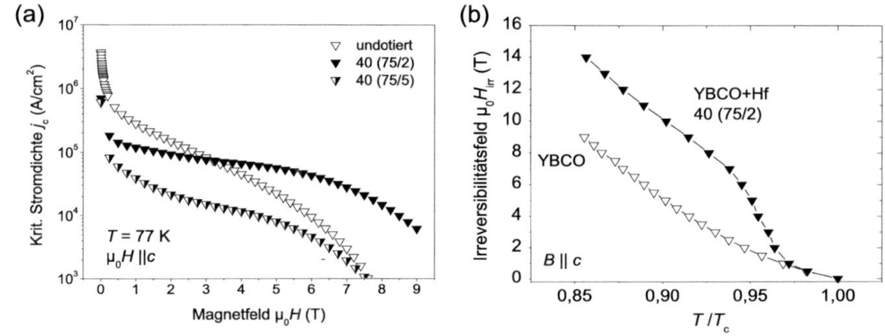


Abb. 4.6: (a) Magnetfeldabhängigkeit der kritischen Stromdichte $j_c$ in hafniumdotierten On - axis - Quasimultilagen. $j_c$ ist für geringe Dotierkonzentrationen in hohen Magnetfeldern deutlich erhöht. Ist die Konzentration der Dotierphase zu hoch, dann wird das Wachstum der YBCO - Struktur gestört und die Stromtragfähigkeit verringert. (b) Irreversibilitätsfeld $\mu_0 H_{irr}$ für eine undotierte und eine Hf - dotierte Dünnschicht. Auch hier ist bei kleinen Dotierkonzentrationen eine Verbesserung der Eigenschaften erkennbar. [Hän05a, Hän06]

natürlicher Wachstumsdefekte auf die supraleitenden Eigenschaften des YBCO untersucht werden.

### Off - axis - PLD – eine Alternative zur Herstellung von Quasimultilagen

Um den Einfluss natürlicher Defekte auf das Pinningverhalten der Schicht zu minimieren, werden die Quasimultilagen durch Abscheidung in der Off - axis - Geometrie hergestellt (Kap. 3.1). Diese Methode ermöglicht ein besseres Wachstum der YBCO - Schichten durch geringe Abscheideraten. Das langsamere Wachstum bei der Off - axis - PLD wird durch die geringere Oberflächenrauigkeit und Porosität deutlich (Abb. 4.7). Damit werden zwar die supraleitenden Eigenschaften der Schicht im Vergleich zur herkömmlichen On - axis - Herstellung schlechter (Abb. 4.7 (c)), der Effekt der künstlich eingebrachten Partikel kann aber besser untersucht werden. Die Off - axis - PLD ist als Modellsystem sehr gut geeignet, um den Einfluss verschiedener Dotiermaterialien zu untersuchen.

Der quantitative Vergleich der Ergebnisse beider Methoden (z. B. Dotierkonzentrationen) ist schwierig, da sich die Effekte natürlicher Wachstumsdefekte und künstlich eingebrachter Pinningzentren in beiden Systemen überlagern. Die genauen Anteile beider Pinningursachen lassen sich schwer quantifizieren. Es bleibt aber festzuhalten, dass der Effekt der künstlich eingebrachten Pinningzentren in den Off - axis - Quasimultilagen überwiegt.

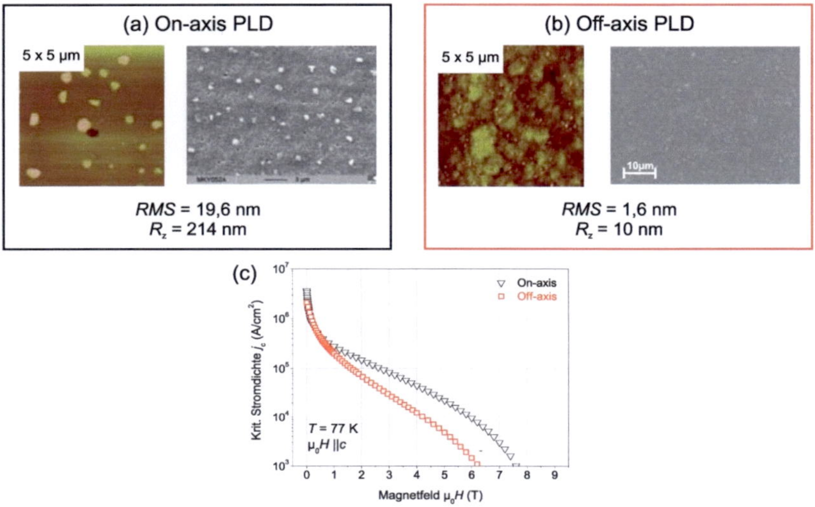


Abb. 4.7: Niedrigere Abscheideraten ermöglichen im Fall der On - axis - PLD ein defektarmes Wachstum der Dünnschichten, was sich in einer deutlich reduzierten Oberflächenrauigkeit in den AFM - und REM - Aufnahmen zeigt. Der Einfluss von kleinen Dotierkonzentrationen auf die Pinningeigenschaften kann so besser untersucht werden.

### Untersuchte Systeme und ihre Herstellung

In dieser Dissertation werden zwei verschiedene Dotiermaterialien untersucht:

- **Hafnium** - Der Effekt der Hafniumdotierung, der in On - axis - Quasimultilagen sehr große Pinningverbesserungen zeigt [Hän05a], sollte mittels Off - axis - PLD genauer untersucht werden. Der Einfluss der eingebrachten Partikel auf supraleitende und strukturelle Eigenschaften steht im Mittelpunkt des nächsten Abschnittes (Kap. 4.4).

- $\mathbf{Y_2Ba_4Cu}M\mathbf{O}_y$ **(**$M = $ **Zr, Nb)** - Hari Babu *et al.* [HB03, HB06] publizierten vielversprechende Pinningverbesserungen in schmelztexturiertem YBCO durch diese nanoskaligen Fremdphasen ($M$2411). Sie bilden effektive Pinningzentren in hohen Magnetfeldern und sind innerhalb der YBCO - Matrix chemisch stabil. Die Dotierung von Dünnschichten mit Zr2411 bzw. Nb2411 ist daher ein naheliegender Ansatz, die kritischen Parameter zu verbessern (Kap. 4.5)

Tabelle 4.1 fasst die verwendeten Parameter bei der Herstellung der Off - axis - Quasimultilagen sowie der undotierten Referenzschichten zusammen.

Tab. 4.1: Verwendete Parameter bei der Abscheidung der Off - axis - Quasimultilagen sowie der undotierten Referenzschichten.

| Verwendete Parameter | |
|---|---|
| Substrat | (001) $SrTiO_3$ (STO) |
| Target-Substrat-Abstand | 6 cm |
| Druck | 0,7 mbar |
| Frequenz | 9 Hz |
| Energiedichte | 2,7 $J/cm^2$ |
| Wellenlänge des Lasers | 248 nm (KrF) |
| Temperatur | 850°C (Strahlungsheizer) |
| Sauerstoffbeladung | bei Abkühlung mit einer Rate von 15 K $min^{-1}$ in 400 mbar $O_2$ |

## 4.4 Hafniumdotierte YBCO - Quasimultilagen

Im nachfolgenden Abschnitt werden die wichtigsten Resultate zu hafniumdotierten YBCO-Quasimultilagen dargestellt. Die Wirkung dieser hafniuminduzierten Pinningzentren auf die supraleitenden Eigenschaften des YBCO wird auf einkristallinen $SrTiO_3$ Substraten (STO) untersucht und anschließend auf technisch nutzbare Metallsubstrate übertragen.

### 4.4.1 Quasimultilagen auf einkristallinem STO - Substrat

#### Strukturelle Eigenschaften

Die Off-axis-Quasimultilagen haben die Struktur $L \times (m$ Pulse YBCO / $n$ Pulse Hf). Die Gesamtpulszahl der Schicht wird konstant gehalten und durch die Änderung der Lagenzahl $L$ wird automatisch die YBCO-Lagendicke variiert. Mit steigender Lagenzahl $L$ sinkt damit die Dicke der YBCO-Zwischenschicht. Die Hf-Pulszahl beträgt jeweils $n = 2$ bzw. $n = 5$. Tabelle 4.2 fasst die Variation der YBCO-Lagendicke zusammen. Die Abscheiderate von Hafnium liegt in der Off-axis-Geometrie bei 0,1 Å / Puls, die YBCO-Abscheiderate zwischen 0,3 und 0,4 Å / Puls (Kap. 3.1). Unter Berücksichtigung der vollständigen Reaktion des metallischem Hf zu perowskitischem $BaHfO_3$ ($a = 4{,}17$ Å) während der Deposition sind demzufolge ca. 40 Pulse für eine vollständige Zwischenlage $BaHfO_3$ notwendig. Die hergestellten Proben mit Zwischenlagenpulszahlen von $n = 2$ bzw. $n = 5$ sind somit wirkliche *Quasi*multilagen.

Tab. 4.2: Einzellagendicke der YBCO-Matrix der untersuchten Quasimultilagen

| Lagenzahl $L$ | YBCO-Lagendicke (Å) für $n = 2$ | $n = 5$ |
|---|---|---|
| 20 | 104,4 | 103,5 |
| 40 | 51,9 | 51 |
| 80 | 25,8 | 24,9 |
| 100 | 20,4 | 19,5 |
| 120 | - | 16,2 |
| 140 | - | 13,5 |

Die Bestätigung des Wachstums von *Quasi*multilagen ist in Abb. 4.8 dargestellt. Die AFM-Aufnahmen zeigen die Oberflächen zweier ca. 50 nm dünner YBCO-Schichten mit (a) $n = 2$ und (b) $n = 5$ Pulsen Hafnium. Beide YBCO-Schichten belegen mit der geringen Oberflächenrauigkeit von $RMS = 1{,}5$ nm das gute Wachstum der Off-axis-Geometrie. In den AFM-Bildern sind die $BaHfO_3$-Partikel schwer auf den YBCO-Wachstumsinseln zu erkennen. Da die Größenbestimmung der Partikel in AFM-Aufnahmen außerdem maßgeblich vom Spitzendurchmesser abhängt (Kap. 3.2.1), werden Partikelverteilung und -größe beispielhaft mittels hochauflösender Rasterelektronenmikroskopie für $n=5$ bestimmt (Abb. 4.8 (c)). Die erzeugten Partikel weisen einen mittleren Durchmesser $d$ von 20 nm und einen mittleren Abstand $a$ von ebenfalls 20 nm auf (Vergrößerung in Abb. 4.8 (c)). Diese Ergebnisse sind im Einklang mit den On-axis-Ergebnissen der $BaIrO_3$ / YBCO-Quasimultilagen mit Partikelgrößen von 18,5 nm [Hän05a]. Da die Partikelgrößen deutlich über der Größenordnung der Kohärenzlänge $\xi_{GL}$ liegen, ist anzunehmen, dass nicht nur die Partikel direkt, sondern vor allem durch sie erzeugte Sekundärdefekte als Pinningzentren wirken (Kap. 2.2).

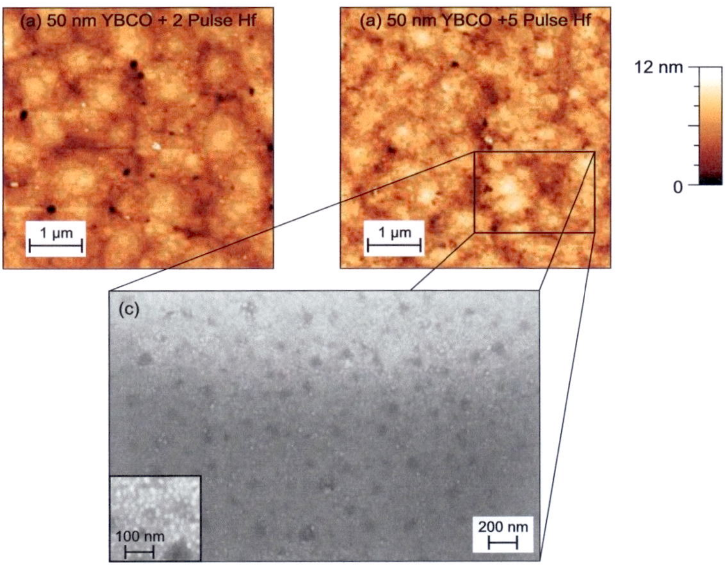


Abb. 4.8: AFM-Aufnahmen von zwei dünnen YBCO-Schichten (50 nm) mit (a) $n=2$ und (b) $n=5$ Pulsen Hafnium. Das langsame YBCO-Wachstum zeigt sich in der geringen Oberflächenrauigkeit der Schichten. Nanopartikel sind in den AFM-Bildern schwer auf den Wachstumsinseln zu erkennen. Die Partikelgröße und Partikelverteilung für $n=5$ werden in der hochaufgelösten REM-Aufnahme (c) sichtbar.

Abbildung 4.9 fasst die Röntgendiffraktogramme der hergestellten Quasimultilagen für die Pulszahlen (a) $n=2$ und (b) $n=5$ mit steigender Gesamtlagenzahl $L$ zusammen. Zum Vergleich zeigt jeder Graph ein Röntgendiffraktogramm der undotierten Referenzschicht. Mit steigender Gesamtlagenzahl $L$ steigt die nominelle Hafniumkonzentration in den Schichten. Erst ab einer Konzentration von 1,2 vol% (entspricht 100 × (68 Pulse YBCO / 2 Pulse Hf)) ist der epitaktische Einbau des perowskitischen $BaHfO_3$ als (002)-Reflex im Röntgendiffrak-

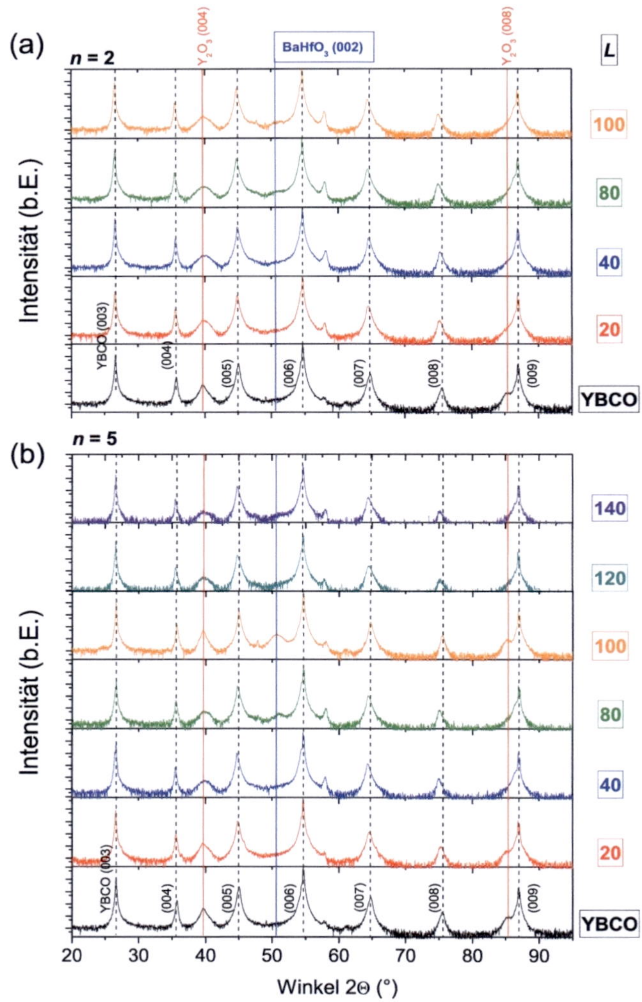


Abb. 4.9: Röntgendiffraktogramme der hafniumdotierten Quasimultilagen für die Pulszahlen (a) $n=2$ und (b) $n=5$ mit steigender Gesamtlagenzahl $L$. Erst ab einer Konzentration von 1,2 vol% (entspricht 100 × (68 Pulse YBCO / 2 Pulse Hf)) baut sich das $BaHfO_3$ epitaktisch in die YBCO - Matrix ein.

togramm zu erkennen (Abb. 4.9 (a)). Die Quasimultilagen mit der Struktur 80 (83 / 5) bzw. 100 (65 / 5) (entspricht 2,3 bzw. 2,9 vol%) zeigen ebenfalls den (002) - Reflex (Abb. 4.9 (b)). Bei diesen kleinen Konzentrationen ist das epitaktische Wachstum der YBCO - Phase nicht zerstört. Es sind nur die (00*l*) - Reflexe des undotierten YBCO zu erkennen. Erhöht man die Konzentration weiter ($L \geq 120$, entspricht 3,5 vol%), so wird das epitaktische Wachstum der YBCO - Matrix zunehmend erschwert. Beispielhaft ist der (008) - Reflex der YBCO - Phase, der für die Lagenzahlen $L = 120$ und 140 weniger stark ausgeprägt ist. Außerdem existiert kein (002) - $BaHfO_3$ - Reflex. Durch die geringe YBCO - Zwischenlagendicke (Tab. 4.2), die sich bei der Konzentration von > 3,5 vol% in der Größenordnung einer YBCO - Gitterzelle bewegt, ist es möglich, dass das metallische Hafnium zwar zu $BaHfO_3$ reagiert, aber durch die Störung des YBCO - Wachstums nicht epitaktisch in die Schichten eingebaut wird. Die durch eine Scherrer - Abschätzung aus den Röntgendaten ermittelte $BaHfO_3$ - Teilchengröße beträgt 15 - 18 nm, was in guter Übereinstimmung mit den gemessenen Partikelgrößen aus den hochaufgelösten REM - Aufnahmen ist (Abb. 4.8). Bei hohen Hafniumkonzentrationen wird durch die Reaktion zu $BaHfO_3$ der YBCO - Gitterzelle das Barium entzogen, was das fehlerfreie Wachstum ebenfalls behindert. Das überschüssige Yttrium reagiert während der Abscheidung zu $Y_2O_3$ und verstärkt damit den Anteil des auch in der undotierten Referenzschicht vorkommenden $Y_2O_3$. Die von diesem Oxid ausgehenden Defekte können in Quasimultilagen ebenfalls als Pinningzentren wirken [Cai05]. Da jedoch auch die undotierte Referenzschicht einen deutlichen Anteil an $Y_2O_3$ aufweist, sind mögliche Verbesserungen der Pinningeigenschaften hier hauptsächlich auf die $BaHfO_3$ - Partikel zurückzuführen.

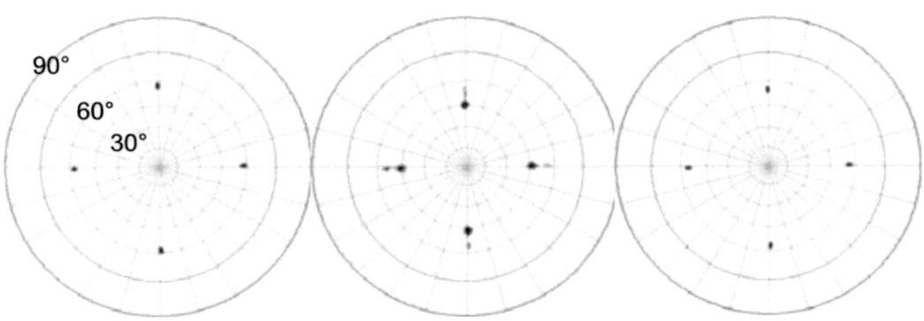


Abb. 4.10: Polfiguren von YBCO (102), $BaHfO_3$ (110) und $Y_2O_3$ (111) der 100 (65 / 5) Probe. Sowohl das $BaHfO_3$ als auch das $Y_2O_3$ sind biaxial texturiert in die YBCO - Matrix eingebaut.

Abbildung 4.10 zeigt Texturmessungen des YBCO, des $BaHfO_3$ und des $Y_2O_3$ der Probe mit dem deutlichsten $BaHfO_3$ - Reflex in den Röntgendiffraktogrammen (100 (65 / 5)) in Abb. 4.9 (b). Trotz der großen Gitterfehlpassung von 8,8 % in $a$ und 7,2 % in $b$ - Richtung wird das $BaHfO_3$ epitaktisch in die YBCO - Matrix eingebaut. Die Texturrelation in der Ebene lautet:

$(100)[001]_{BaHfO_3} \,||\, (100)[001]_{YBCO}$. Die FWHM - Werte des $BaHfO_3$ - Reflexes von 4,11° sind mit den On - axis - Werten (3,75°) vergleichbar [Hän05a].

### Supraleitende Eigenschaften

Die Betrachtung der supraleitenden Eigenschaften wird auf die Quasimultilagen beschränkt, in denen das $BaHfO_3$ epitaktisch in die Schichten eingebaut ist (Abb. 4.9). Tabelle 4.3 fasst die kritischen Temperaturen für die Proben der Lagenzahl $L = 100$ zusammen. Mit steigender Hafniumkonzentration in den Quasimultilagen sinkt $T_{c,onset}$, während $\Delta T_c$ steigt. Dieser Effekt wurde in allen $BaMO_3$ ($M$ = Zr, Ti, Ir, Hf) - dotierten On - axis - Quasimultilagen beobachtet und mit steigendem Korndurchmesser der Dotierphase und damit verringertem supraleitenden Querschnitt erklärt [Hän05a]. Zusätzlich zu diesem Effekt ist nicht ausgeschlossen, dass sich das Hafnium in die YBCO - Matrix einbaut und somit $T_c$ reduziert. Außerdem ist bekannt, dass Spannungen, die durch die Gitterfehlpassung zwischen Partikel und Matrix entstehen, ebenfalls eine deutliche $T_c$ - Verschiebung zu tiefen Temperaturen verursachen. Man geht hier davon aus, dass in diesem Fall die $CuO_2$ - Ebenen verzerrt werden und somit auch die Übergangsbreite $\Delta T_c$ beeinflusst wird [Huh09].

Tab. 4.3: Kritische Temperatur $T_{c,onset}$ für die Quasimultilagen der Lagenzahl $L = 100$ mit steigender Hafnium - Pulszahl $n$.

| $n$ | $T_{c,onset}$ (K) | $\Delta T_c$ (K) |
|---|---|---|
| 0 | 92,3 | 0,34 |
| 2 | 90,1 | 0,67 |
| 5 | 89,3 | 2,06 |

Abbildung 4.11 zeigt die Ergebnisse der $j_c(\mu_0 H)$ - Messungen für die Proben der Lagenzahl $L = 100$ in (a) einfach und (b) doppelt logarithmischer Darstellung. $j_{c,Eigenfeld}$ bzw. $j_c$ ist in kleinen Magnetfeldern für beide Quasimultilagen im Vergleich zur undotierten Referenzschicht verringert. Dieser Effekt ist auf den verringerten supraleitenden Querschnitt und Spannungen in der Schicht zurückzuführen und aus anderen dotierten Systemen bekannt, z. B. [Cai05]. Im Fall der höher dotierten Probe mit $n = 5$ existiert ein *Crossover* - Feld (Abb. 4.11 (a) Pfeil), ab dem die kritische Stromdichte die $j_c$ - Werte der undotierten Referenzprobe übersteigt. Das bedeutet, dass die eingebrachten Pinningzentren erst in höheren Feldern effektiv sind. Die niedrig dotierte Probe ($n = 2$) zeigt im gesamten Magnetfeldbereich eine geringe kritische Stromdichte $j_c$. Obwohl $T_c$ hier, verglichen mit der Probe mit $n = 5$, geringfügig höher ist, sind die $j_c$ - Werte für alle Magnetfelder stark reduziert. Da die kritische Stromdichte auch von den natürlich in der Schicht vorkommenden Defekten sowie der Sauerstoffbeladung

des YBCO abhängt, hat das Wachstum einen entscheidenen Einfluss auf die supraleitenden Eigenschaften. Diese deutliche Verschlechterung der $j_c(\mu_0 H)$ - Abhängigkeit muss ihre Ursachen in unterschiedlichen Verhältnissen während des Schichtwachstums haben. Eine mögliche Erklärung könnte eine signifikante Temperaturänderung während der Abscheidung sein.

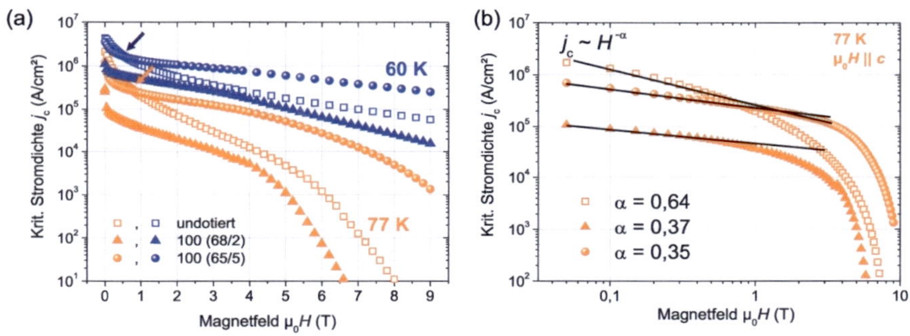


Abb. 4.11: Magnetfeldabhängigkeit der kritischen Stromdichte $j_c$ der $L = 100$ Proben in (a) einfach und (b) doppelt logarithmischer Darstellung. Die Probe mit der Pulszahl $n = 5$ zeigt bei beiden Temperaturen ab einem Crossover - Feld (Pfeil) bessere $j_c$ - Werte als die undotierte Referenzschicht.

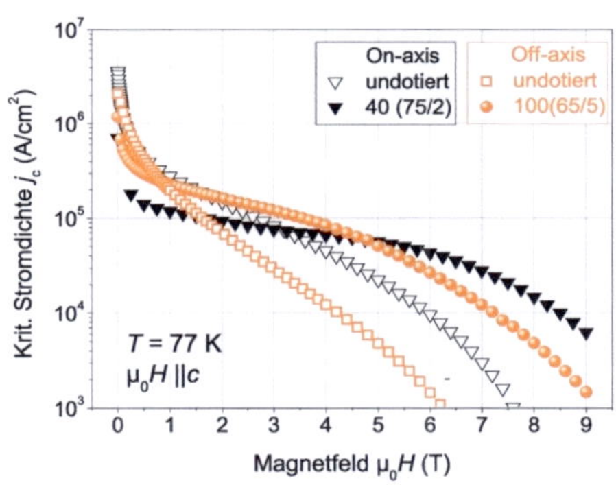


Abb. 4.12: Vergleich der Magnetfeldabhängigkeit der kritischen Stromdichte $j_c$ der On - und Off - axis - Proben. (Die On - axis - Daten sind [Hän05a] entnommen.)

Die dotierten Quasimultilagen weisen eine geringere Magnetfeldabhängigkeit der kritischen Stromdichte auf, was an den $\alpha$ - Werten bei 77 K deutlich wird (Abb. 4.11 (b)). Für die undotierte Referenzprobe liegt $\alpha$ bei 0,64. Undotierte On - axis - Schichten zeigen Werte von

$\alpha = 0{,}5$ (Kap. 4.2.2). Der stärkere Abfall der kritischen Stromdichte im Magnetfeld und damit ein $\alpha$ - Wert von 0,64 in der undotierten Off - axis - Schicht wird durch die geringere Anzahl natürlich vorkommender Pinningzentren verursacht. Für beide dotierten Quasimultilagen liegt $\alpha$ zwischen 0,35 und 0,37. Diese Werte sind wiederum in guter Übereinstimmung mit stark gepinnten Systemen (Kap. 4.3).

Im direkten Vergleich zwischen On- und Off - axis - Quasimultilagen für 77 K werden zwei Effekte deutlich (Abb. 4.12): Zum einen sind die $j_c$ - Werte der dotierten und der undotierten Off - axis - niedriger als in den On - axis - Schichten. Diese Beobachtung unterstreicht erneut das gute Wachstum und die damit verbundene geringe Anzahl natürlicher Pinningzentren in der Off - axis - Geometrie (vgl. Kap. 4.3). Zum anderen führt die Herstellung der Quasimultilagen mit metallischem Hafnium in beiden Abscheidemethoden zu einer Verbesserung der $j_c(\mu_0 H)$ - Abhängigkeit im Vergleich zu den undotierten Referenzschichten.

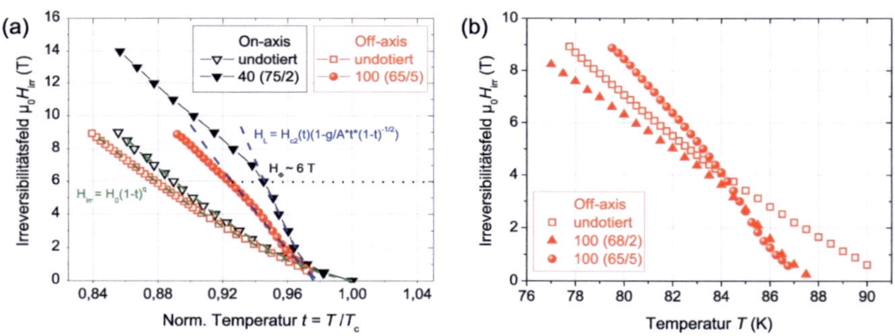


Abb. 4.13: (a) Vergleich des Irreversibilitätsfeldes $\mu_0 H_{\mathrm{irr}}$ zwischen On- und Off - axis - Systemen. (Die On - axis - Daten sind [Hän05a] entnommen.) (b) $\mu_0 H_{\mathrm{irr}}$ der undotierten Referenzprobe sowie der Quasimultilagen mit $L = 100$, hergestellt in der Off - axis - Geometrie.

Das Irreversibilitätsfeld zeigt ein ähnliches Verhalten. Neben der Erhöhung der $\mu_0 H_{\mathrm{irr}}$ - Werte in den dotierten Schichten für $n = 5$ (Abb. 4.13 (a)) ist der Verlauf der Irreversibilitätslinie von Interesse. In den undotierten Schichten lässt sich dieser Verlauf mit einem Potenzgesetz annähern (Abb. 4.13 (b)):

$$H_{\mathrm{irr}} = H_0 \left(1 - \frac{T}{T_c}\right)^q \tag{4.5}$$

$$\text{On - axis:} \quad H_0 = 165\,T, \quad q = 1,50 \pm 0,01$$

$$\text{Off - axis:} \quad H_0 = 125\,T, \quad q = 1,44 \pm 0,01$$

Man spricht von einem Vortexglas - Vortexflüssigkeit - Übergang [Koc89, Wöl93]. Für die hafniumdotierten Quasimultilagen ist für beide Abscheidemethoden ein S - förmiger Kurvenverlauf erkennbar. Hier wird $\mu_0 H_{irr}$ für tiefe Temperaturen erhöht, sehr nahe $T_c$ kann der Verlauf der Irreversibilitätslinie wieder mit einem Potenzgesetz angepasst werden. Man spricht von der Ausbildung eines Bose - Glases, in dem die Flusslinien an korrelierten $c$ - Achsen - orientierten Defekten verankert sind [Nel92, Hor08]. Der Effekt ist in der dotierten On - axis - Schicht deutlicher zu erkennen, als in der Off - axis - Quasimultilage. Wahrscheinlich ist die Ausbildung verschiedener Mikrostrukturen in beiden Abscheidemethoden die Ursache für diesen Unterschied. Auch in $BaZrO_3$ - dotierten Quasimultilagen wurde dieser S - förmige Verlauf des Irreversibilitätsfeldes beobachtet [Kie09]. Figueras *et al.* untersuchten die theoretische Grenze für das Irreversibilitätsfeld, bis zu der das Pinning von Flusslinien an linearen Defekten im Supraleiter effektiv ist [Fig06]. Über diesem charakteristischen Magnetfeld $\mu_0 H_L$ verlieren die Flusslinien durch thermische Aktivierung ihre Steifigkeit und es treten starke Verluste auf. In Abb. 4.13 (a) wird dieses charakteristische Magnetfeld $\mu_0 H_L$ für beide dotierten Quasimultilagen, die die Ausbildung des Bose - Glases zeigen, mit Glg. 4.6 [Fig06] angenähert.

$$H_L = H_{c2}(t)\left[1 - \frac{g}{A} t(1-t)^{-1/2}\right] \tag{4.6}$$

Dabei wird $g$ durch intrinsische Parameter des Supraleiters (z.B. $\lambda_L$) und $A$ durch geometrische Faktoren bestimmt. Für $g/A = 0{,}16$ (On - axis) und 0,15 (Off - axis) kann $\mu_0 H_L$ angenähert werden. Diese Werte sind vergleichbar mit $g/A = 0{,}155$ in $BaZrO_3$ - dotierten Quasimultilagen [Kie11]. Auch in $BaZrO_3$ - und $BaSnO_3$ - dotierten YBCO - Schichten, hergestellt aus gemischten Targets, kann diese theoretische Grenze des Irreversibilitätsfeldes bestimmt werden, wobei sich ein vergleichbares $g/A$ - Verhältnis von 0,14 [Hor09] ergibt. Das Magnetfeld, bei dem $\mu_0 H_{irr}$ von dem theoretisch möglichen $\mu_0 H_L$ abweicht, nennt man „Matchingfeld" $H_\Phi$. Bei diesem Feld ist der mittlere Flusslinienabstand gleich dem mittleren Defektabstand [Mat07] und kann in beiden Quasimultilagen mit $H_\Phi = 6\,\mathrm{T}$ angenommen werden (Abb. 4.13 (a)). Dieses Feld entspricht einem mittleren Defektabstand von 20 nm (Glg. 2.4). Die hochaufgelösten REM - Aufnahmen der Off - axis - Schicht bestätigen diesen Wert (Abb. 4.8 (c)). Um das Irreversibilitätsfeld in einem größeren Temperaturbereich an die theoretische Grenze anzunähern, kann die Anzahl der Defekte erhöht werden. Das kann zum einem durch die Variation der Abscheideparameter oder zum anderen durch Variation der Dotierkonzentration geschehen [Fel07, Kie11].

Die Irreversibilitätslinie deutet durch den S - förmigen Verlauf auf die Ausbildung eines Bose - Glases hin, d.h. die Ausbildung von $c$ - Achsen - orientierten Defekten in der YBCO - Matrix. Dennoch existiert in den Messungen der Winkelabhängigkeit der kritischen Stromdichte bei

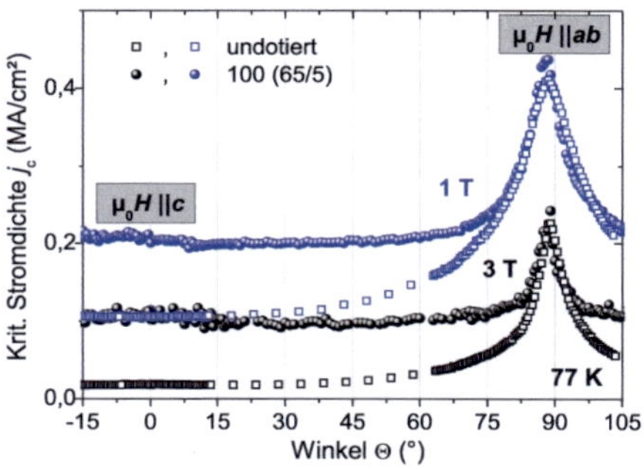


Abb. 4.14: Winkelabhängigkeit der kritischen Stromdichte der 100 (65 / 5) Quasimultilage sowie der undotierten Referenzschicht. Es ist kein Maximum der kritischen Stromdichte für $\mu_0 H\,||c$ erkennbar, wie es in den On - axis - Schichten beobachtet wurde [Hän05a]. Dennoch weist die deutliche $j_c$ - Erhöhung in $c$ - Richtung auf die Ausbildung von $c$ - Achsen - korrelierten Defekten hin.

77 K kein deutliches Maximum für $\mu_0 H\,||\,c$ (Abb. 4.14). Dafür ist $j_c$ in einem weiten Winkelbereich im Vergleich zur undotierten Referenzschicht erhöht, während $j_c$ für $\mu_0 H\,||\,ab$ konstant bleibt. Das bedeutet, dass durch die Herstellung der Quasimultilage und der damit verbundenen Ausbildung von korrelierten Defekten die $j_c$ - Anisotropie der Schicht verringert wird. Skaliert man die Anisotropiedaten nach Glg. 4.1 mit $\gamma = 5$ (Abb. 4.15 (a)), so kann für die Daten der undotierten Referenzschicht (offene Symbole) eine Kurve nach Glg. 4.4 gefunden werden, die den isotropen Anteil der Defekte in der Schicht beschreibt (vgl. Abb. 4.2 (b)). Hierbei wird $p = 0{,}5$ und $q = 2$ angenommen [Kra73, Zue08]. Die verbleibenden Parameter werden an die Messdaten angepasst ($j_{c,\mathrm{Eigenfeld}} = 1{,}28 \cdot 10^6\ \mathrm{A/cm^2}$, $H_{\mathrm{irr}}^{\mathrm{Iso}} = 3{,}1\ \mathrm{T}$ und $H_z = 0{,}01\ \mathrm{T}$). Die angenäherte Funktion muss als obere Abschätzung angesehen werden. Schon in der undotierten YBCO - Schicht treten korrelierte Defekte auf, die durch diese Skalierungsfunktion nicht beschrieben werden können. Für die Quasimultilage (geschlossene Symbole) existieren noch weniger skalierbare Bereiche der Messdaten, d. h. die Anzahl der korrelierten Defekte ist in dieser Schicht deutlich höher als in der undotierten Referenzprobe.

Die Anteile der verschiedenen Defektarten können mit dem Vortexpfadmodell berücksichtigt werden (Glg. 4.2). Die Gesamtfunktion setzt sich aus dem Anteil der Defekte in $a, b$ - und $c$ - Richtung (Glg. 4.3), sowie einem isotropen Anteil (Glg. 4.4) zusammen. Abbildung 4.15 (b) zeigt die Nachbildung von $j_c\,(\theta)$ beider Schichten für 1 T. Alle drei Anteile dieses Modells sind bei der Annäherung der Messdaten notwendig. Der isotrope Anteil ist in die Abbildung eingefügt (graue Linie). In der undotierten Referenzprobe überwiegt der Anteil der isotropen Defekte (vgl. Abb. 4.15 (a)), während in der Quasimultilage die $c$ - Achsen - korrelierten De-

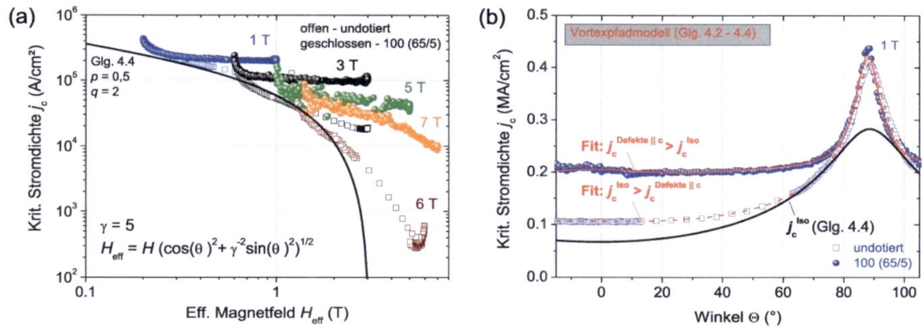


Abb. 4.15: (a) Blatter - Skalierung der Anisotropiedaten der undotierten YBCO - Probe und der 100 (65/5) - Quasimultilage nach Glg. 4.1 mit $\gamma = 5$. (b) Winkelabhängigkeit der kritischen Stromdichte der undotierten YBCO - Probe und der 100 (65/5) - Quasimultilage für 1 T. Die Daten können mit dem Vortexpfadmodell (Glg. 4.2) angenähert werden.

fekte den Hauptbeitrag zur Gesamtfunktion leisten. Der Anteil der *ab* - Defekte ist in beiden Fällen vergleichbar. Für den Nachweis der *c* - Achsen - korrelierten Defekte in der Quasimultilage wurden TEM - Untersuchungen an dieser Probe durchgeführt. Die als Moirékontraste sichtbaren Teilchen ordnen sich entlang der *c* - Achse an (Abb. 4.16).

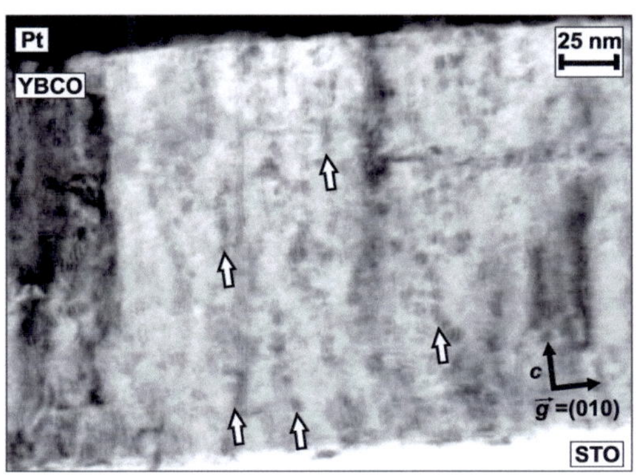


Abb. 4.16: TEM - Querschnittsaufnahme der Hf - dotieren Quasimultilage 100 (65 / 5). Die als Moirékontraste sichtbaren Teilchen ordnen sich entlang der *c* - Achse an (Pfeile).

### 4.4.2 Quasimultilagen auf technisch nutzbarem Metallsubstrat

Die Ergebnisse auf einkristallinem STO werden im Folgenden auf technisch nutzbare Metallsubstrate überführt. Für die ersten Testschichten wird ein RABiTS - Metallband (***R****olling-***A****ssisted* ***Bi****axially* ***T****extured* ***S****ubstrates*) bestehend aus Ni - 5 at% W verwendet. Die besondere Textur des Bandes ermöglicht ein epitaktisches Wachstum der YBCO - Schicht. Um die Diffusion des Nickels in den Supraleiter zu verhindern und den Texturübertrag zu erleichtern, werden zusätzliche Pufferschichten aufgebracht: hier ca. 200 nm $LaZrO_3$ sowie ca. 50 nm $CeO_2$. Weiterführende Details zu verschiedenen Puffersystemen und Metallbändern finden sich in Arbeiten von Knoth *et al.* und Engel *et al.* [Kno06, Eng09].

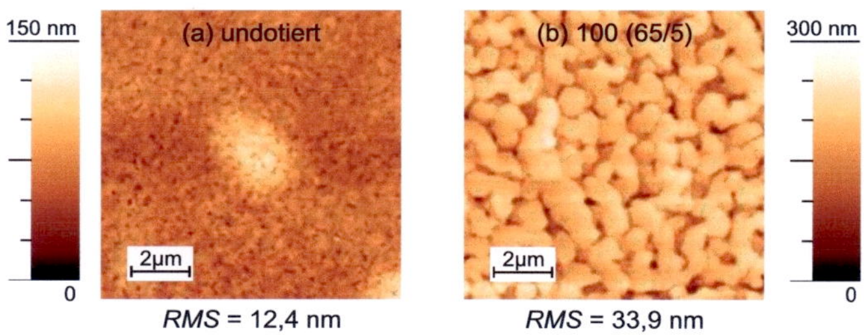


Abb. 4.17: Oberflächenbeschaffenheit (a) der undotierten Referenzschicht, (b) der Quasimultilage mit der Struktur 100 (65 / 5) auf gepuffertem Metallband. Die dotierte Schicht zeigt eine deutlich höhere Rauigkeit.

Abbildung 4.17 zeigt die Oberflächen der undotierten YBCO - Schicht sowie einer 100 (65 / 5) Quasimultilage auf dem gepufferten Metallband. Die Rauigkeit der Quasimultilage ist größer verglichen mit der reinen YBCO - Schicht. Somit wird $j_c$, zusätzlich zu den künstlichen Pinningzentren, durch die bessere Sauerstoffbeladung der YBCO - Phase beeinflusst.

Das Röntgendiffraktogramm der Quasimultilage zeigt den (002) - Reflex von $BaHfO_3$ (Abb. 4.18 (a)). Die Ausbildung des Perowskits aus der metallischen Dotierung in der YBCO - Matrix ist somit auch auf den Metallbändern möglich. Die Pinningeigenschaften sind in hohen Magnetfeldern im Vergleich zur undotierten Referenzschicht bei tiefen Temperaturen leicht erhöht. Allerdings ist dieser Effekt hier nicht so ausgeprägt wie auf den einkristallinen STO - Substraten. In kleinen Magnetfeldern ist die kritische Stromdichte von den Korngrenzen limitiert [FGR03] und die eingebrachten Partikel spielen keine entscheidende Rolle für die supraleitenden Eigenschaften. Die Optimierung der Abscheideparameter für die Herstellung der Quasimultilagen *auf Metallsubstraten* sollte Gegenstand weiterer Arbeiten sein.

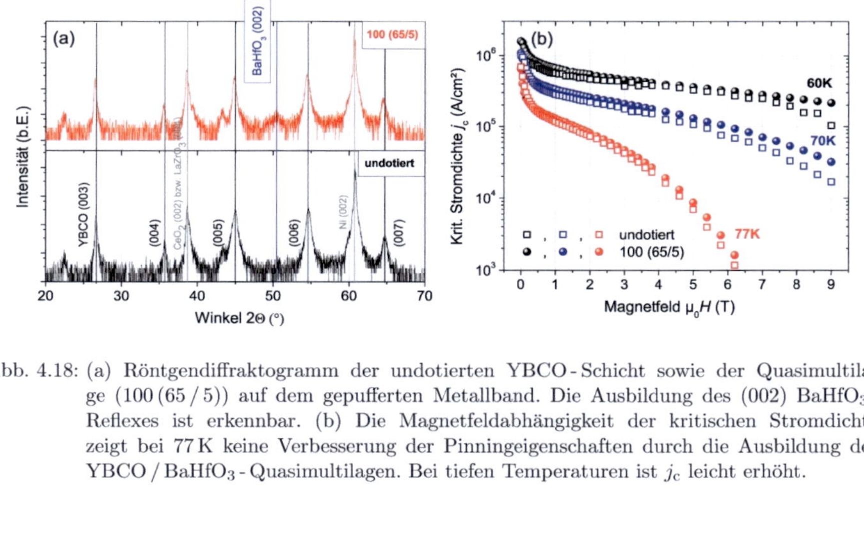


Abb. 4.18: (a) Röntgendiffraktogramm der undotierten YBCO - Schicht sowie der Quasimultilage (100 (65 / 5)) auf dem gepufferten Metallband. Die Ausbildung des (002) $BaHfO_3$ - Reflexes ist erkennbar. (b) Die Magnetfeldabhängigkeit der kritischen Stromdichte zeigt bei 77 K keine Verbesserung der Pinningeigenschaften durch die Ausbildung der YBCO / $BaHfO_3$ - Quasimultilagen. Bei tiefen Temperaturen ist $j_c$ leicht erhöht.

## 4.5 Pinning durch M2411

Neben den einfachen Perowskitstrukturen, zu denen auch $BaHfO_3$ gehört, sind auch andere Materialien, die eine geringe Fehlpassung zu YBCO aufweisen, als Pinningzentren interessant. Hari Babu *et al.* untersuchten das kubische Doppelperowskit $Y_2Ba_4CuMO_y$ ($M = $ Zr, Nb, U, Ta, W, Mo, Ag) ($M$2411) in schmelztexturiertem YBCO. Diese nanoskalige Fremdphase mit der Strukturformel $A\,A'_2\,(B_xB'_{1-x})O_y$ ($x = 0{,}5$) ist innerhalb der YBCO - Matrix chemisch stabil und führt zu verbessertem Pinningverhalten in hohen Magnetfeldern verglichen mit dem undotierten Supraleiter (Abb. 4.19) [HB03, HB06]. Die Nutzung dieses Doppelperowskits als Pinningzentrum in dünnen Schichten ist daher naheliegend und wird im nachfolgenden Abschnitt erläutert. Im Mittelpunkt stehen die Abscheidung der reinen Zr2411 - und Nb2411 - Phasen auf einkristallinem STO, sowie die Phasenbildung und die supraleitenden Eigenschaften der so dotierten Off - axis - Quasimultilagen.

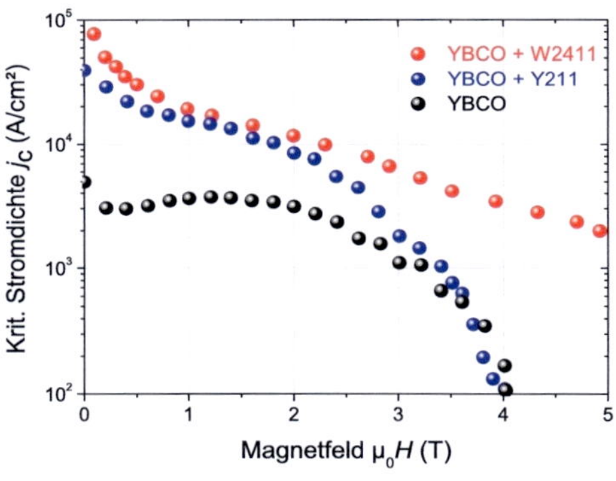


Abb. 4.19: Die Magnetfeldabhängigkeit der kritischen Stromdichte $j_c$ zeigt das verbesserte Pinningverhalten in schmelztexturiertem YBCO mit W2411 - Nanopartikeln [HB06]. Diese Pinningzentren sind innerhalb der YBCO - Matrix chemisch stabil und im Vergleich zu bekannten $Y_2BaCuO_5$ Pinningzentren (Y211) in hohen Magnetfeldern wirksam.

### 4.5.1 Wachstum der reinen M2411 - Phase als dünne Schicht

Ein epitaktisches Wachstum der $M$2411 - Phase auf STO ist die Grundvoraussetzung für den Einbau des Materials in YBCO mit gleichzeitiger geringer Störung des Gitters zur Erzeugung nanoskaliger Pinningzentren. Abbildung 4.20 liefert den Beweis für das epitaktische Wachstum von sowohl der Zirkon - als auch der Niob - Phase. Beide Materialien wachsen $c$ - Achsen - orientiert auf STO auf, was an den $(00l)$ - Reflexen zu erkennen ist (Abb. 4.20 (a),(b)). Die

Indizierung erfolgt auf Grundlage der W2411 - Phase, deren Strukturdaten verfügbar sind (PDF 01-087-1485). Aus Untersuchungen an dotierten Massivproben ist bekannt, dass der Austausch des Übergangsmetalls (hier Wolfram) mit einer Verschiebung der Reflexe in den Röntgendiffraktogrammen und damit einer Änderung der Gitterparameter einhergeht [HB06]. Diese liegen für Zr2411 bei 8,701 Å und für Nb2411 bei 8,516 Å. Für Nb2411 ist der ermittelte Wert größer als der für schmelztexturierte Massivproben bekannte ($a = 8{,}425$ Å) [KV06]. Gitterparameter der Zr2411 - Phase sind nicht verfügbar. Die schmale Schulter auf der rechten Seite des (004) - Reflexes von Zr2411 könnte durch Fremdphasen im Target, wie z. B. yttriumdotiertes $BaZrO_3$, verursacht werden (Abb. 4.20 (a)). Die zusätzlichen $Y_2O_3$ - und YBCO - Reflexe im Nb2411 - Röntgendiffraktogramm rühren wahrscheinlich von Fremdphasen her, die von der Wand des Off - axis - Heizers in die Schicht eingebaut werden (Abb. 4.20 (b)). Die Polfiguren der (220) Reflexe beider Phasen zeigen eine kubische Texturrelation in der Ebene (Abb. 4.20 (c),(d)).

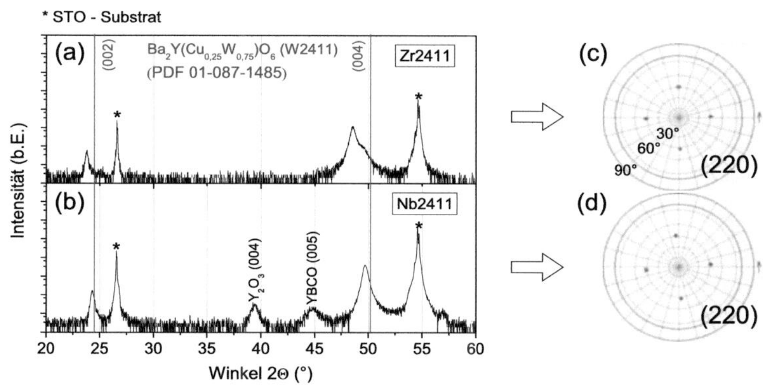


Abb. 4.20: Röntgendiffraktogramme der (a) Zr2411 und (b) der Nb2411 Phase auf einkristallinem STO - Substrat. Beide $M$2411 - Phasen wachsen $c$ - Achsen - orientiert auf das STO auf. Zur Indizierung der Reflexe werden die Daten der isostrukturellen W2411 Phase verwendet (PDF 01-087-1485). Die Polfiguren der beiden Materialien zeigen eine kubische Texturrelation in der Ebene.

Zur Bestimmung der Abscheideraten wurden Stufenkanten der reinen Schichten auf Silizium hergestellt und mittels AFM vermessen. Für Nb2411 liegt die Rate bei 1,7 Å / Puls, für Zr2411 bei 1,9 Å / Puls. Diese für die Off - axis - Geometrie vergleichsweise hohen Abscheideraten (vgl. YBCO - Rate = 0,3 - 0,4 Å / Puls) werden durch die herstellungsbedingt geringe Dichte der Targets verursacht. Zieht man die aus den Röntgendiffraktogrammen ermittelten Gitterkonstanten in Betracht, so wird deutlich, dass für Pulszahlen $n < 5$ Quasimultilagen abgeschieden werden. Für $n = 5$ beträgt die Lagendicke annähernd eine Monolage. Unter Berücksichtigung des Inselwachstum von YBCO erwartet man, dass der Dotierstoff an Nukleationsplätzen im YBCO aufwächst, d. h. dass auch hier Inselwachstum vorliegt. Demzufolge ist es naheliegend, dass mehr als fünf Pulse notwendig sind, um eine vollständig geschlossene Lage des Dotiermaterials aufzuwachsen.

### 4.5.2 Einfluss der Pulszahl $n$

Um die optimale Dotierkonzentration zu finden, wird die YBCO - Lagendicke konstant gehalten ($m = 700$ entspricht ca. 20 nm) und durch verschiedene Pulszahlen $n$ die Lagendicke der Zr2411 - Phase geändert (Abb. 4.21 (a)). Die Ergebnisse werden auf die Nb2411 - Phase übertragen, da die strukturellen Eigenschaften sehr ähnlich sind. Die Gesamtzahl der Pulse auf das YBCO - Target bleibt konstant bei 7000, um eine konstante YBCO - Schichtdicke von ca. 200 nm zu gewährleisten.

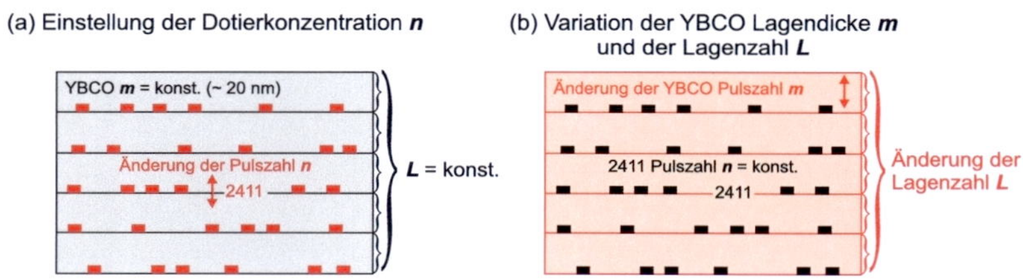


Abb. 4.21: (a) Um die optimale Dotierkonzentration einzustellen, wird in der ersten Probenserie die YBCO - Lagendicke konstant gehalten und die Pulszahl $n$ variiert. (b) Mit der gefundenen optimalen Pulszahl auf das Target des Dotiermaterials $n$ wird in einer zweiten Probenserie die YBCO - Lagendicke für beide $M$2411 - Phasen verändert (siehe Kap. 4.5.3 und 4.5.4)

Die Pulszahl $n$ wird auf 2 , 5 , 10 , und 15 festgesetzt. Die korrespondierenden Lagendicken sind in Tab. 4.4 zusammengefasst. Durch die geringen Dotierkonzentrationen in der YBCO - Schicht sind keine zu YBCO zusätzlichen Reflexe in den Röntgenmessungen erkennbar.
Die $T_c$ - Werte ändern sich bei der Erhöhung der Pulszahl $n$ nur minimal. Dagegen zeigen induktive Messungen der kritischen Stromdichte signifikante Änderungen mit steigender Zr2411 - Konzentration (Tab. 4.4). $j_{c,\mathrm{Eigenfeld}}$ ist in allen Proben niedriger als in der undotierten Referenzschicht. Die höchste kritische Stromdichte im Eigenfeld wird für die am geringsten dotierte Probe $n = 2$ erreicht. Der Abfall im Magnetfeld ist für die Probe mit $n = 5$ am kleinsten, obwohl hier $j_c$ im Eigenfeld stark reduziert ist. Demzufolge werden die Pulszahlen $n = 2$ und $n = 5$ für die Abscheidung sowohl der Zr2411 - als auch der Nb2411 - dotierten Quasimultilagen gewählt.

Tab. 4.4: Bei konstanter YBCO - Dicke wird die Pulszahl $n$ auf das Zr2411 - Target variiert. Die Tabelle fasst die resultierenden Lagendicken sowie die Ergebnisse der induktiven $j_c$ - Messungen zusammen. Für $n = 2$ zeigt die Quasimultilage die kleinste Reduktion von $j_{c,\mathrm{Eigenfeld}}$. Der relative Abfall der kritischen Stromdichte im Magnetfeld ist für $n = 5$ am geringsten.

| 10 (700 / $n$) | Zr2411 - Lagendicke (Å) | $j_c$ (0 T) (MA/cm$^2$) | $j_c$ (0,3 T) (MA/cm$^2$) | $j_c$ (0,3 T) / $j_c$ (0 T) |
|---|---|---|---|---|
| $n = 0$ undotiert | 0 | 2,98 | 0,98 | 0,24 |
| $n = 2$ | ≈ 3,8 | 3,37 | 0,7 | 0,21 |
| $n = 5$ | ≈ 9,5 | 1,66 | 0,84 | 0,54 |
| $n = 10$ | ≈ 19 | 2,52 | 0,53 | 0,21 |
| $n = 15$ | ≈ 28,5 | 2,05 | 0,61 | 0,3 |

### 4.5.3 Phasenbildung in M2411 / YBCO - Quasimultilagen

In der zweiten Probenserie wird die Pulszahl $n$ auf das Dotiertarget konstant gehalten und die YBCO - Lagendicke (Pulszahl $m$) variiert (Abb. 4.21 (b)). Um eine konstante Schichtdicke von 200 nm zu gewährleisten, muss bei geringerer YBCO - Lagendicke die Gesamtzahl der Lagen $L$ erhöht werden. Damit steigt auch die Dotierkonzentration in den Quasimultilagen, obwohl $n$ konstant ist.

Die Röntgendaten geben Aufschluss über die Phasenbildung in den Quasimultilagen (Abb. 4.22). Zum Vergleich der Reflexe ist für jedes Dotiermaterial zusätzlich das Röntgendiffraktogramm der reinen Phasen (aus Abb. 4.20 (a),(b)) abgebildet. Bei beiden $M$2411 - Phasen bildet sich mit steigender Lagendicke $L$ und damit steigender Dotierkonzentration, neben den bekannten (00$l$) - Reflexen des $c$ - Achsen - orientierten YBCO ein zusätzlicher Reflex bei ca. 50° aus. Allerdings passt dieser Reflex weder im Zr2411 - noch im Nb2411 - System zu den Daten der reinen Phasen. Demzufolge ist davon auszugehen, dass das $M$2411 - Dotiermaterial während der Quasimultilagenabscheidung mit dem YBCO reagiert.

Im Fall der YBCO / Nb2411 - Quasimultilagen ist der gemessene Reflex in den Röntgendiffraktogrammen in Abb. 4.22 (a) sehr nah zum bekannten $BaNbO_3$, der einfachen Perowskitstruktur und zum $Ba_2YNbO_6$ . In dieser ebenfalls perowskitischen Phase sind 50 % der Niobatome durch Yttrium ersetzt. Demzufolge ist es wahrscheinlich, dass sich nicht Nb2411 sondern yttriumdotiertes $BaNbO_3$ ($Ba(Nb_{1-x}Y_x)O_3$) gebildet hat. Mit Hilfe der Vegardschen Regel kann die Zusammensetzung direkt aus der linearen Abhängigkeit der Gitterkonstanten eines Mischkristalls aus den Gitterkonstanten der Einzelkomponenten abgeleitet werden. In dem hier vorliegenden Fall wären die Einzelkomponenten $BaNbO_3$ (0 % Yttrium) und $Ba_2YNbO_6$ (50 % Yttrium). Aus den ermittelten Gitterparametern der yttriumdotierten Phase ($a = 4{,}15$ Å)

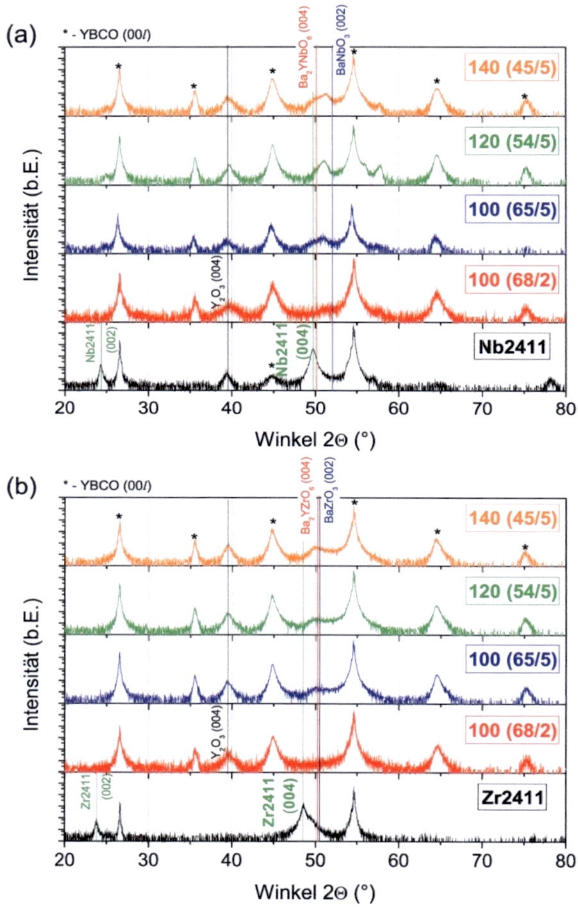


Abb. 4.22: Die Röntgendiffraktogramme der (a) Zr2411 - und (b) Nb2411 - dotierten Quasimultilagen geben Aufschluss über die Phasenbildung in den Schichten. Der Reflex, der mit steigender Dotierkonzentration bei ca. 50° auftritt, stimmt nicht mit einem der Reflexe der reinen Phasen überein. Es ist wahrscheinlich, dass stattdessen yttriumdotiertes $Ba_2YZrO_6$ bzw. $Ba_2YNbO_6$ entsteht.

kann so der Gehalt an Yttrium bestimmt werden. Abschätzungen mit Hilfe der Vegardschen Regel liefern Werte zwischen 24 - 34 % für den Yttriumgehalt ($Ba(Nb_{1-x}Y_x)O_3$).

Für die YBCO / Zr2411 - Quasimultilagen deutet der gemessene Reflex auf einen Yttriumgehalt größer als 50 % hin ($a = 4{,}24$ Å). Da nicht bekannt ist, bis zu welchem Yttriumgehalt die $Ba(Zr_{1-x}Y_x)O_3$ Phase, über dem bekannten 50 % yttriumdotierten $Ba_2YZrO_6$, stabil ist [Mor07], ist in diesem Fall die Abschätzung mit der Vegardschen Regel nicht sinnvoll.

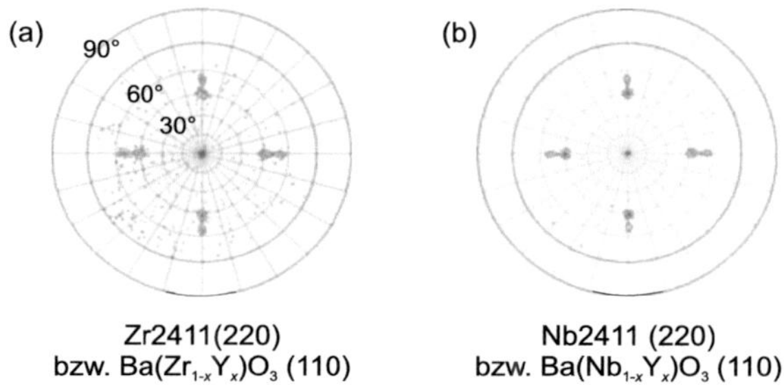


Abb. 4.23: Polfiguren der (220) - Reflexe der Dotierphasen zeigen, dass sie sich biaxial in die YBCO - Matrix einbauen. Mit diesen Messungen kann nicht zwischen der ursprünglichen $M2411$ und dem yttriumdotierten einfachen Perowskit $BaMO_3$ ($M = $ Zr , Nb) unterschieden werden. Zusätzliche in der Schicht vorkommende $Y_2O_3$ - Partikel sind in den Polfiguren bei einem Winkel von $\psi = 55°$ zu erkennen.

In beiden Fällen sind die Dotierphasen biaxial mit folgender Texturbeziehung in der Ebene $(100)[001]_{2411} \,||\, (100)[001]_{YBCO}$ in die Quasimultilagen eingebaut (Abb. 4.23). Allerdings ist es mit diesen Messungen nicht möglich, zwischen $M2411$ und $Ba(M_{1-x}Y_x)O_3$ ($M = $ Zr , Nb) zu unterscheiden, da die Reflexe sehr nah beieinander liegen. Wie schon in den Röntgendiffraktogrammen zu erkennen ist (Abb. 4.22), sind in die Schichten zusätzliche $Y_2O_3$ - Partikel eingebaut, die der gleichen Texturbeziehung folgen wie die Dotierphasen. Das $Y_2O_3$ (222) ist bei einem Winkel $\psi = 55°$ als zusätzlicher Reflex in den Polfiguren zu erkennen, da dessen $2\theta$ - Winkel nah am (110) - Reflex des $Ba(M_{1-x}Y_x)O_3$ ($M = $ Zr , Nb) liegt. Dieses zusätzlich eingebaute $Y_2O_3$ ist in allen hier hergestellten Off - axis - Quasimultilagen vorhanden (vgl. Kap. 4.4.1).

Zur genauen Bestimmung der Fremdphase werden die Polfiguren einer sehr hochdotierten Zr2411 - Quasimultilage mit der Struktur 10 (700 / 200) aufgenommen (Abb. 4.24). Hier wird deutlich, dass die Orientierungen, die die Zr2411 - Phase eindeutig vom $BaZrO_3$ unterscheiden würden ((111) und (822)), nicht detektierbar sind. Da die Peakhöhen der $M2411$ - Phasen in den Röntgendiffraktogrammen ausreichend intensiv sind, ist davon auszugehen, dass die Phasen tatsächlich nicht in der Schicht auftreten. Die (220) - und die (222) - Orientierungen der Zr2411 - Phase überlagern sich mit (110) und (111) des $BaZrO_3$. Diese Messungen bestätigen die Vermutung, dass sich während der Abscheidung das einfache Perowskit bildet und in den Schichten kein $M2411$ vorkommt. Weitere Indizien für die Präsenz von $Ba(M_{1-x}Y_x)O_3$

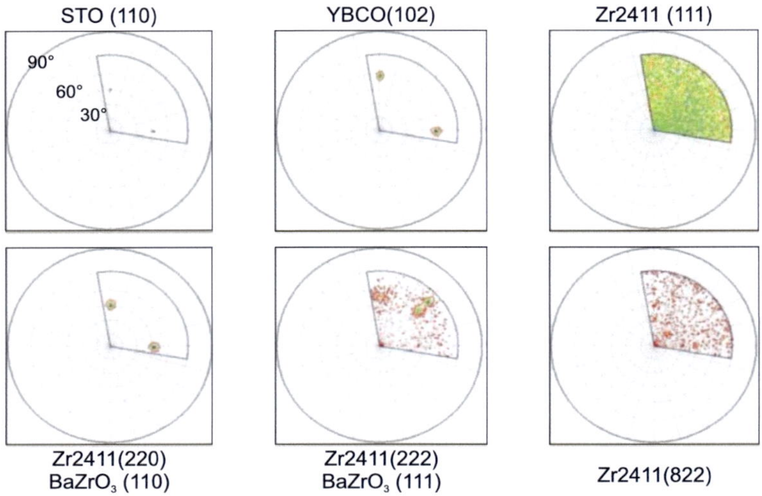


Abb. 4.24: Polfiguren von STO (110), YBCO (102), sowie von Zr2411 (111), (220), (222) und (822) einer hochdotierten Quasimultilage mit der Struktur 10 (700 / 200). Die Reflexe der (220) - bzw. der (222) - Orientierungen überlagern sich mit (110) bzw. (111) des $BaZrO_3$.

($M = $Zr , Nb) in den Quasimultilagen werden auf Grundlage der TEM - Untersuchungen in Kap. 4.5.5 dargestellt.

Andere Gruppen führen die Ausbildung des (220) - Reflexes in den Texturmessungen als Beweis für die Existenz der $M$2411 - Phase in dotierten dünnen Schichten an [Sir08, AK09]. Aus den bereits erläuterten Gründen ist das für den Nachweis der Phase jedoch nicht ausreichend. Diese aus Mischtargets hergestellten Schichten zeigen auch in den supraleitenden Eigenschaften Hinweise für die Existenz der einfachen Perowskitphase, genau wie die hier untersuchten Quasimultilagen. Diese Eigenschaften werden im nächsten Abschnitt erläutert.

### 4.5.4 Supraleitende Eigenschaften

Die sehr gute Eignung der $M$2411 - Phase als Pinningzentrum wird durch die chemische Stabilität der Phase in der YBCO - Matrix begründet. Die Werte der kritischen Temperatur $T_c$ sind mit steigender Dotierung in den Massivproben konstant ($91 \pm 0{,}5$ K), da keine Substitution stattfindet [HB03, HB06]. In den Quasimultilagen ist die Situation anders. Mit steigender Dotierung sinkt $T_c$ deutlich für beide Materialien (Abb. 4.25). Diese Reduktion von $T_c$ ist bei einer chemischen Stabilität der Phase in der Matrix nicht zu erwarten. Für die einfachen Perowskite ist dieser Effekt jedoch bekannt [MD04, Hän05a]. Demzufolge ist die $T_c$ - Verringerung neben den vorgestellten Ergebnissen der Phasenbildung ein weiteres Indiz für die Bildung von $Ba(M_{1-x}Y_x)O_3$ ($M = Zr$, Nb) in den Quasimultilagen. Beide am höchsten dotierte Proben (140 (45 / 5)) zeigen zusätzlich zur Reduzierung von $T_{c,onset}$ zweiphasiges Verhalten im $T_c$ - Verlauf. Der ungewöhnliche Verlauf der Kennlinie der niobdotierten Quasimultilage mit $L = 120$ konnte nicht geklärt werden.

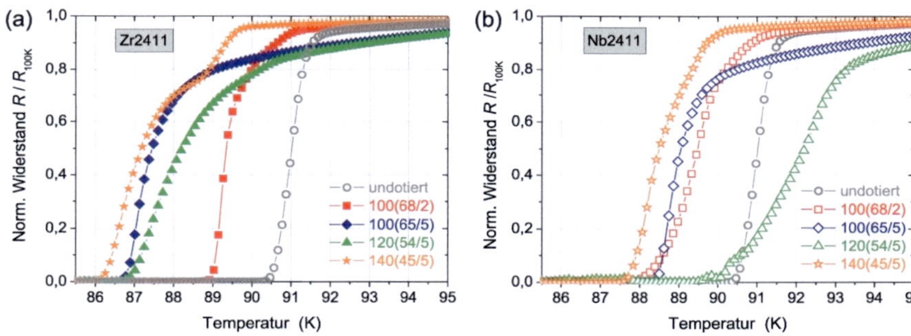


Abb. 4.25: $R(T)$ - Messkurven der (a) Zr2411 - und (b) Nb2411 - dotierten Quasimultilagen. Die Reduktion der kritischen Temperatur mit steigender Dotierkonzentration weist daraufhin, dass die eingebrachten Phasen innerhalb der YBCO - Matrix nicht chemisch stabil sind, im Gegensatz zu den Beobachtungen in Massivproben [HB06].

Veröffentlichungen anderer Gruppen, die Dünnschichten aus Mischtargets (YBCO und $Y_2Ba_4CuMO_y$ ($M = Ag$, Ru, Nb, Zr)) untersuchten, zeigen eine ähnliche Reduktion der kritischen Temperatur von 93 K auf 88 K in den dotierten Schichten [Sir08]. Somit ist die eingebrachte Phase innerhalb der YBCO - Matrix chemisch nicht stabil und reagiert während der Abscheidung. In anderen Dünnschichten aus YBCO und $Gd_2Ba_4CuWO_y$ ist die kritische Temperatur der undotierten und der dotierten Proben stabil bei $91 \pm 0{,}2$ K. Hier treten allerdings bei niedrigen Temperaturen zusätzliche Übergänge im Verlauf der Suszeptibilitätsmessungen auf, die auf eine Substitution des Yttrium durch Gadolinium hindeuten [AK09]. Somit sind auch diese Fremdphasen in der Matrix chemisch nicht stabil.

Die Auswertung des Irreversibilitätsfeldes ist in Abb. 4.26 dargestellt. Eliminiert man den Einfluss der $T_c$ - Reduktion (Abb. 4.26 (a)), so zeigen alle Quasimultilagen ein verbessertes $\mu_0 H_{irr}$. Die Kennlinien ähneln denen der hafniumdotierten Schichten, die mit der Ausbildung eines S - förmigen Verlaufs auf die Bildung eines Bose - Glases hindeuten (Kap. 4.4.1). Auch in diesen Schichten kann die theoretische Grenze des Irreversibilitätsfeldes $\mu_0 H_L$ bestimmt werden, bis zu dem die Flusslinien ihre Steifigkeit behalten und das Pinning an linearen Defekten effektiv ist (vgl. Berechnung von $\mu_0 H_L$ der $BaHfO_3$ / YBCO - Quasimultilagen in Kap.

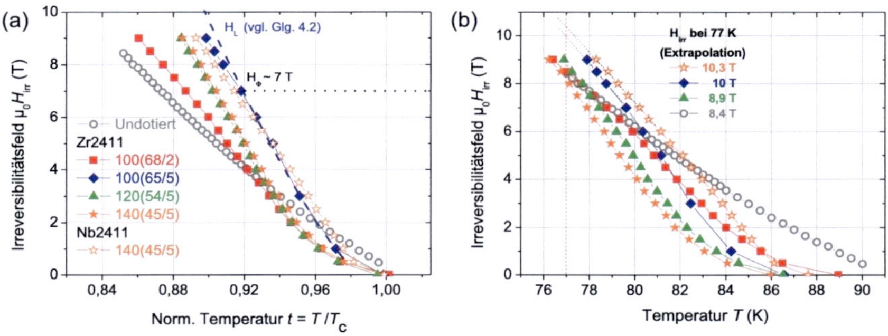


Abb. 4.26: Irreversibilitätslinien der Quasimultilagen in auf $T_c$ normierter(a) und normaler Darstellung (b). Die Kennlinien weisen einen S-förmigen Kurvenverlauf auf, der für kleine Temperaturen ab ca. 82 K eine Verbesserung des Irreversibilitätsfeldes bewirkt. Für die Zr2411-dotierte Phase zeigen die (100 (65 / 5)) und für die Nb2411-dotierte Phase die (140 (45 / 5)) Probe die besten $\mu_0 H_{irr}$-Werte.

4.4.1). Das Matchingfeld beträgt für die Zr2411-dotierte Probe $H_\Phi = 7$ T, was einem mittleren Defektabstand von 18 nm entspricht. Dieser Wert ist in guter Übereinstimmung mit den TEM-Ergebnissen dieser Probe (Abb. 4.33).

Die Zr2411-dotierten Proben zeigen für $L = 100$ und $n = 5$ die höchsten Irreversibilitätsfelder. Mit steigender Dotierung, $L = 120$ und 140, wird die Irreversibilitätslinie zu kleineren Werten hin verschoben. Die besten Ergebnisse für die Nb2411-dotierten Quasimultilagen zeigt die am höchsten dotierte Probe mit $L = 140$ und $n = 5$. Durch die unterschiedlichen Gitterkonstanten der gebildeten Perowskite $Ba(Zr_{1-x}Y_x)O_3$ ($a = 4{,}24$ Å) und $Ba(Nb_{1-x}Y_x)O_3$ ($a = 4{,}15$ Å) (Abb. 4.22) sind die in das YBCO-Gitter eingebauten Spannungen verschieden groß. Die Verbesserung von $\mu_0 H_{irr}$ tritt in der Zr2411-dotierten Phase bei niedrigeren Konzentrationen auf als für Nb2411, da die Zr2411-Elementarzelle größer ist. Offensichtlich ist es für die Verbesserung der supraleitenden Eigenschaften der Schichten wichtig, ein otimales Gleichgewicht zwischen Defektgröße und Dotierkonzentration einzustellen. Betrachtet man die Änderungen von $\mu_0 H_{irr}$ in Abhängigkeit der absoluten Temperatur (Abb. 4.26 (b)) so wird deutlich, dass die Irreversibilitätslinie ab einer Temperatur von kleiner 82 K zu größeren Werten hin verschoben ist. Für technisch relevante Systeme, die bei einer Betriebstemperatur von 77 K arbeiten, sind somit die Irreversibilitätsfelder am Arbeitspunkt im Vergleich zur undotierten Referenzschicht deutlich erhöht.

Abbildung 4.27 (a) zeigt die doppeltlogarithmische Darstellung der Magnetfeldabhängigkeit der kritischen Stromdichte für die Proben mit den geringsten $\alpha$-Werten (Abb. 4.27 (b) Pfeile) im Vergleich zur undotierten Referenzprobe für 65 und 77 K. Wie in den hafniumdotierten

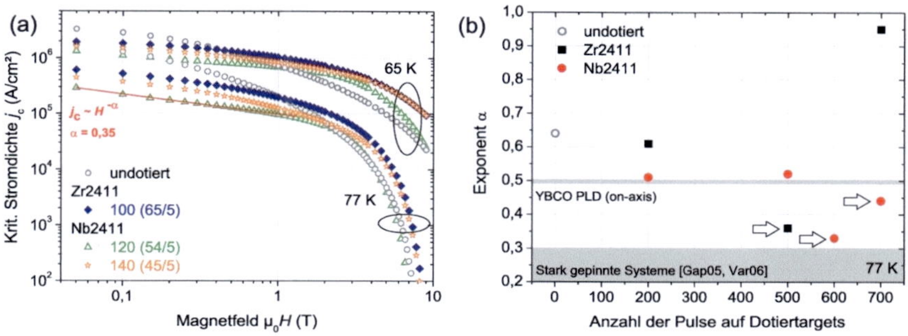


Abb. 4.27: (a) Doppeltlogarithmische Darstellung der Magnetfeldabhängigkeit von $j_c$ für die Proben mit geringstem $\alpha$ in Teilbild (b). Trotz verringertem $j_{c,\text{Eigenfeld}}$, ist $j_c$ im Vergleich zur undotierten Referenzprobe in hohen Magnetfeldern erhöht.(b) $\alpha$ - Werte der Quasimultilagen sowie der undotierten Referenzprobe bei 77 K. Mit steigender Dotierkonzentration sinkt $\alpha$ durch die verbesserten Pinningeigenschaften. Ist die Konzentration der Dotierphase zu hoch (140 (45 / 5) für Zr2411 Dotierung) so steigt $\alpha$ an.

Quasimultilagen ist auch hier das $j_{c,\text{Eigenfeld}}$ kleiner als in der undotierten Referenzschicht (vgl. Kap. 4.4.1). $j_c$ wird für hohe Magnetfelder im Vergleich zur undotierten Schicht größer.

Die $\alpha$ - Werte aller Schichten sind in Abb. 4.27 (b) für 77 K in Abhängigkeit der Gesamtpulszahl $L \cdot n$ auf das Dotiertarget dargestellt. Die Angabe in vol% ist hier schwierig, da aus den Abscheideraten der $M$2411 - Phasen keine Rückschlüsse auf die Wachstumsraten des yttriumdotierten $\text{Ba}(M_{1-x}\text{Y}_x)\text{O}_3$ ($M = \text{Zr}, \text{Nb}$) getroffen werden können. Der $\alpha$ - Wert der undotierten Referenzprobe liegt mit 0,68 über dem bekannten 0,5 für undotierte On - axis - PLD - Schichten. Dieser Effekt wurde bereits bei den hafniumdotierten Quasimultilagen erläutert (Kap. 4.4.1) und resultiert aus dem besseren Wachstum und damit der Reduktion der natürlichen Defekte in der Schicht. Mit steigender Dotierkonzentration sinkt $\alpha$ für beide Dotierphasen, d. h. der Abfall der kritischen Stromdichte im Magnetfeld wird mit zunehmendem Pinning geringer. Ist die Dotierkonzentration zu hoch, sinkt der supraleitende Querschnitt und die Störung der YBCO - Matrix resultiert in hohen $\alpha$ - Werten. Wie bei der Auswertung des Irreversibilitätsfeldes hat die Größe der Gitterzelle der Dotierphasen hier den entscheidenden Einfluss. Da die Gitterkonstante der Zirkonphase größer als die der Niobphase ist, steigt $\alpha$ für die Zirkonphase bereits an, während in den Nb2411 - dotierten Quasimultilagen $\alpha$ in der höchsten Dotierkonzentration unterhalb 0,5 liegt.

Die Auswertung der Pinningkraftdichte $f_p$ ist eine Möglichkeit, die Effektivität der eingebrachten Pinningzentren in den Quasimultilagen zu beurteilen. Die Pinningkraftdichte $f_p$ weist für ein äußeres Magnetfeld $\mu_0 H$ ein Maximum $f_p^{\max}$ auf und sinkt dann auf Null ab

(Abb. 4.28 (a)). Dieses Maximum beschreibt, bei welchen Magnetfeldern das Pinning in der Schicht am effektivsten ist. Die Auswertung dieses Maximums $f_p^{max}$ sowie des Magnetfeldes, bei dem $f_p^{max}$ auftritt, sind in Abb. 4.28 (c) bzw. (d) in Abhängigkeit der normierten Temperatur dargestellt. Bei Temperaturen nahe $T_c$ sind die Unterschiede in der Pinningkraftdichte sehr gering, werden jedoch mit sinkender Temperatur immer größer. Dabei zeigt die Zr2411 - dotierte Quasimultilage für alle Temperaturen die größten Werte (Abb. 4.28 (c)). Die Position des Maximums zeigt deutlich, dass die künstlich eingebrachten Pinningzentren im YBCO in hohen Magnetfeldern effektiver sind als die natürlich in der undotierten Referenzprobe vorkommenden Defekte. Dieser Unterschied wird umso stärker, je geringer die Temperatur ist. Die Pinningkraftdichte $f_p$ als Funktion des reduzierten magnetischen Feldes ist in Abb. 4.28 (b) zu sehen. Dafür wurde der Wert des Irreversibilitätsfeldes der Proben bei 77 K extrapoliert (Abb. 4.26 (b)), da Messungen in Feldern oberhalb 9 T nicht möglich waren. Aus den

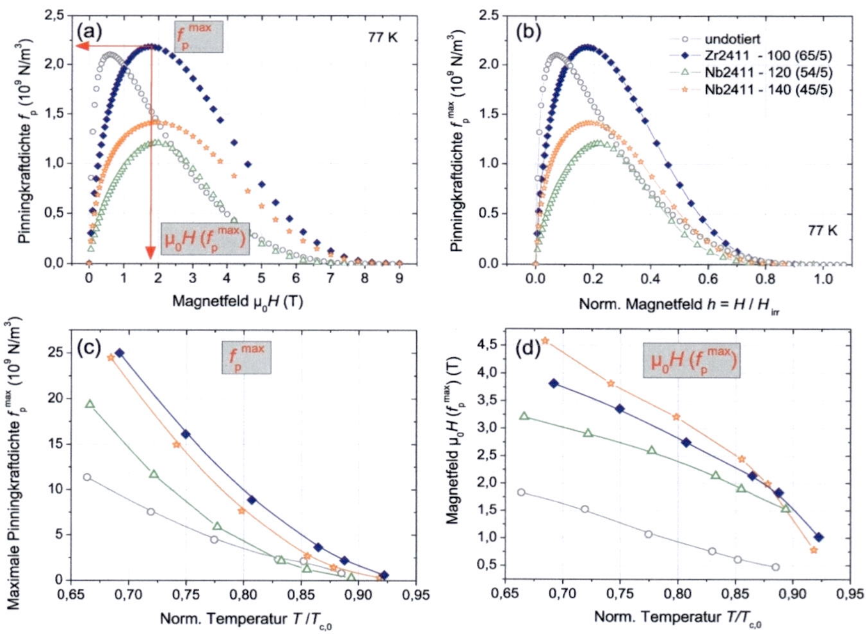


Abb. 4.28: $f_p$ als Funktion (a) des äußeren und (b) des reduzierten Magnetfeldes. (c) beschreibt die Temperaturabhängigkeit des Maximums der Pinningkraftdichte $f_p^{max}$ und (d) das Magnetfeld $\mu_0H$, bei dem dieses Maximum auftritt.

$f_p$ - Verläufen kann auf den Pinningmechanismus geschlossen werden [Kra73]. Demnach wird der Verlauf der Messkurven in kleinen reduzierten Feldern (links vom Maximum) vom Pinningmechanismus bestimmt, während der Verlauf in hohen reduzierten Feldern (rechts vom Maximum) von der Steifigkeit des Flussliniengitters beschrieben wird. Da sich der $f_p$ - Verlauf der Quasimultilagen stark von der undotierten Referenzschicht unterscheidet, muss man davon ausgehen, dass sowohl der vorliegende Pinningmechanismus als auch die Steifigkeit des Flussliniengitters durch die Quasimultilagenabscheidung verändert werden.

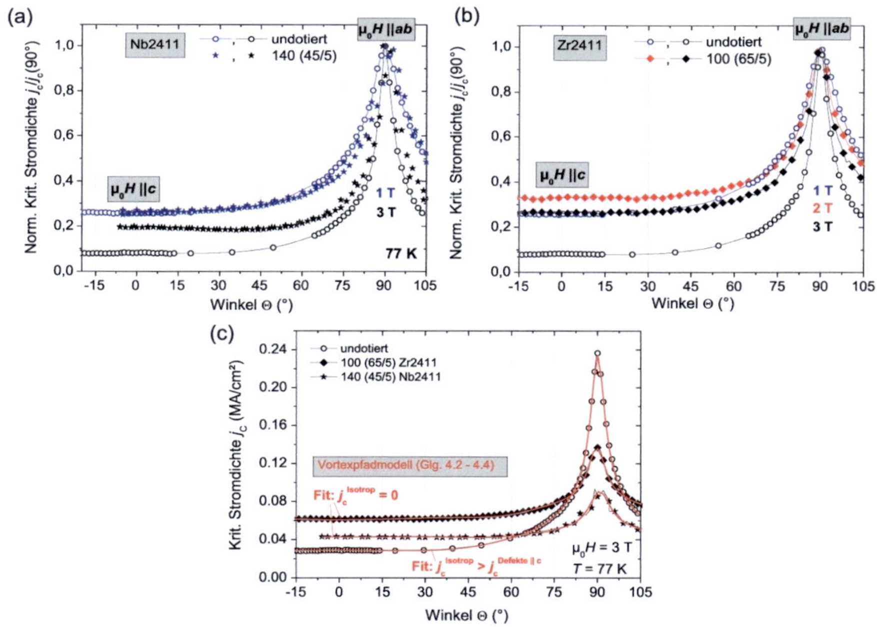


Abb. 4.29: Die Anisotropiemessungen in der (a) Zr2411 - und der (b) Nb2411 - dotierten Quasimultilage zeigen kein Maximum in der kritischen Stromdichte für $\mu_0 H \,||\, c$. Dafür ist $j_c$ in einem großen Winkelbereich erhöht. (c) Der direkte Vergleich der Quasimultilagen bei 77 K und 3 T macht deutlich, dass $j_c$ für $\mu_0 H \,||\, ab$ verringert ist, jedoch für $\mu_0 H \,||\, c$ erhöht wird. Die Anwendung des Vortexpfadmodells auf die Anisotropiedaten der Quasimultilagen zeigt, dass sich die Messdaten ausschließlich durch Beiträge von Defekten $||\, c$ und $ab$ annähern lassen.

Abbildung 4.29 zeigt winkelabhängige Messungen der kritischen Stromdichte für die beiden Quasimultilagen mit den besten Pinningeigenschaften im Magnetfeld ((a) 140 (45 / 5) für die Nb2411 - dotierte und (b) 100 (65 / 5) für die Zr2411 - dotierte Schicht). Zum besseren Vergleich der Proben wird hier die normierte kritische Stromdichte $j_c\,/\,j_c(90°)$ dargestellt. Erst bei einem Magnetfeld von 3 T ist $j_c$ für $\mu_0 H \,||\, c$ in der niobdotierten Phase leicht erhöht (Abb. 4.29 (a)). Ein klares Maximum bei $\mu_0 H \,||\, c$, wie es für $BaZrO_3$ - dotiertes On - axis - YBCO beobachtet wird [Kie11], ist nicht zu erkennen. Die $Ba(Zr_{1-x}Y_x)O_3$ / YBCO - Quasimultilagen zeigen ähnliche Eigenschaften (Abb. 4.29 (b)). Auch hier ist in der dotierten Schicht kein Maximum für $\mu_0 H \,||\, c$ zu erkennen. Für die Quasimultilage liegen keine Werte für ein Magnetfeld von 1 T vor. Bei 2 T zeigt die Schicht immer noch höhere bzw. im Magnetfeld von 3 T vergleichbare Werte als die undotierte Referenzschicht bei 1 T. Den direkten Vergleich der Winkelabhängigkeit zeigt Abb. 4.29 (c). Hier wird $j_c$ für 77 K und 3 T verglichen. In den Quasimultilagen ist das intrinsische Pinning ($\mu_0 H \,||\, ab$) verringert, dafür sind die Werte in einem weiten Winkelbereich um $\mu_0 H \,||\, \mathrm{c}$ erhöht. Wendet man auf diese Daten das Vortexpfadmodell (Glg. 4.2) an, kann in den Quasimultilagen der isotrope Anteil von $j_c$ (Glg. 4.4) vernachlässigt werden. Die Messdaten lassen sich ausschließlich durch Beiträge von Defekten $||\, c$ und $ab$ annähern. Diese charakteristischen Verläufe machen deutlich, dass sich in den Quasimultilagen eine Vielzahl von $c$ - Achsen - korrelierten Defekten ausbildet.

Durch Veränderung der Abscheidetemperatur und der Wachstumsrate könnte man versuchen, die Anisotropiecharakteristik zu variieren. In undotierten wie auch in $BaZrO_3$ - dotierten YBCO - Schichten können schon allein über die Depositionstemperatur die Mikrostruktur der Schichten und somit die Pinningeigenschaften verändert werden [Fel07, Kie11, Mai09]. In dieser Arbeit wird dieser Aspekt nicht behandelt.

### 4.5.5 Lokalaufgelöste Strukturanalyse mit TEM

Sowohl in undotierten YBCO - Schichten als auch in den Quasimultilagen ist $Y_2O_3$ nachweisbar, wie in Kap. 4.4.1 und 4.5.3 erläutert wird. Abbildung 4.30 (a) zeigt die TEM - Aufnahme eines solchen $Y_2O_3$ - Partikels in einer undotierten Off - axis - YBCO - Schicht. Das Teilchen wird durch einen Moirékontrast sichtbar und ist kohärent in die Matrix eingebaut. Ähnliche Partikel zeigen Holesinger *et al.* in YBCO - Schichten auf gepuffertem Metallband (Abb. 4.30 (b)) [Hol00]. Auch in den Off - axis - YBCO - Schichten existieren natürliche Wachstumsdefekte. So werden in der Umgebung des Partikels ein Stapelfehler und die dazugehörigen Spannungen sichtbar. Allerdings bestätigt diese TEM - Aufnahme das relativ defektfreie Wachstum der Off - axis - Quasimultilagen in der Umgebung des Partikels.

Für die Strukturanalyse der Dotierphase ist das Beugungsbild der Zr2411 - dotierten Quasimultilage (100 (65 / 5)) aufschlussreich. Die Indizierung der Ordnungen im experimentell bestimmten Beugungsbild (Abb. 4.31 (a)) erfolgt durch die theoretisch ermittelten Positionen der Reflexe der verschiedenen Phasen (Abb. 4.31 (b)). Bekannt sind die Positionen der

Reflexe von STO, YBCO und $Y_2O_3$. Die charakteristischen Reflexe der Dotierphase im Beugungsbild werden durch Kreise in Abb. 4.31 hervorgehoben. Die auftretenden Reflexe sind nicht eindeutig Zr2411 zuzuordnen, da sie auch hier von $BaZrO_3$ - Reflexen überlagert werden.

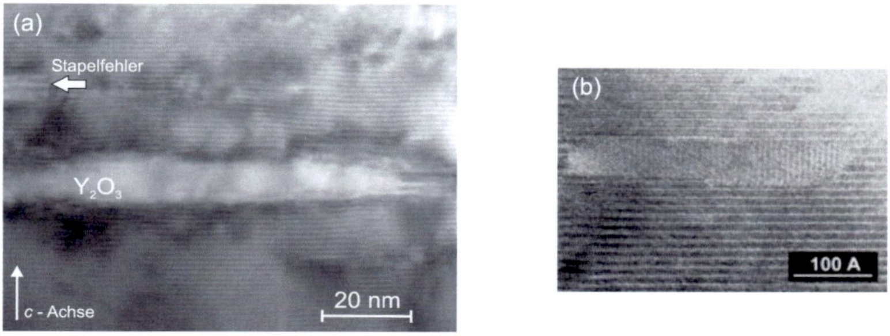


Abb. 4.30: (a) TEM - Aufnahme eines $Y_2O_3$ - Partikels in der YBCO - Matrix einer undotierten Off - axis - Schicht. (b) Hochaufgelöste TEM - Aufnahme eines $Y_2O_3$ - Teilchens in YBCO [Hol00]. Beide Teilchen sind kohärent in die Matrix eingebaut.

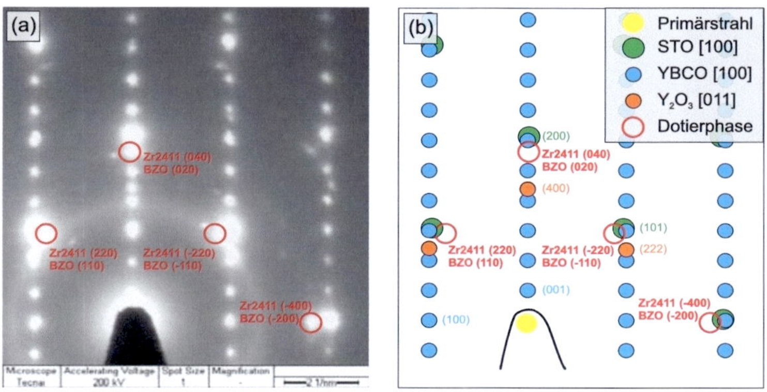


Abb. 4.31: (a) Experimentell bestimmtes Beugungsbild sowie (b) theoretisch ermittelte Positionen der Reflexe einer Zr2411 - dotierten Quasimultilage (100 (65 / 5)). Ordnungen, die nur der Zr2411 - Phase zugeordnet werden können und nicht durch $BaZrO_3$ - Reflexe überlagert werden, sind nicht erkennbar.

Für die genaue Unterscheidung zwischen $BaZrO_3$ und Zr2411 sollte man somit Reflexe in den Beugungsbildern finden, die für die jeweils andere Phase nicht existieren. Eine Möglichkeit ist die Kippung der Probe um ca. 19° aus der [001] - in die [301] - Zonenachse (Abb. 4.32). Die

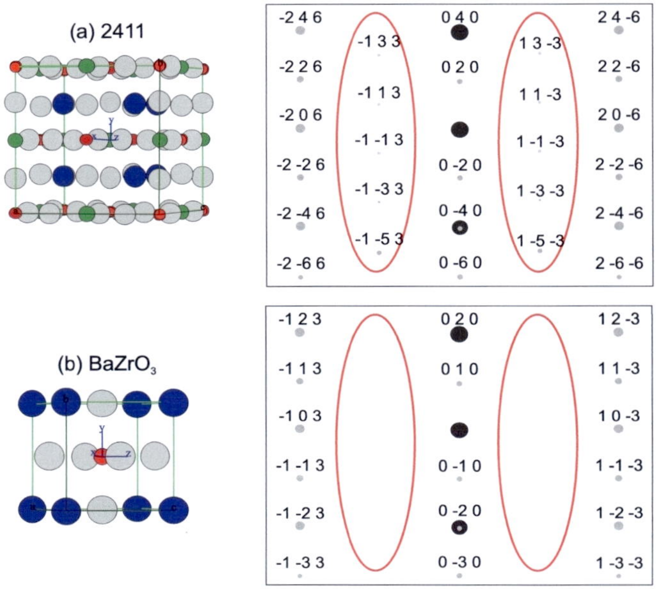


Abb. 4.32: Theoretische Beugungsbilder von (a) Zr2411 und (b) $BaZrO_3$. Die Proben wurden für diese Simulation um ca. 19° aus der [001] - in die [301] - Zonenachse gekippt. In diesen theoretischen Beugungsbildern existieren Reflexe, die die Phasen voneinander abgrenzen.

simulierten Beugungsbilder zeigen Ordnungen (Ellipsen), die für das einfache Perowskit nicht vorkommen. Allerdings ist der experimentelle Nachweis dieser Reflexe wegen der geringen Dotierkonzentration und der Überlagerung mit Reflexen der anderen in der Probe vorkommenden Materialien sehr schwierig. Es kann somit ebenfalls keine eindeutige Zuordnung der Reflexe in der Quasimultilage erfolgen.

Abbildung 4.33 (a) zeigt eine TEM - Querschnittsaufnahme derselben Probe. Die Lamelle wurde für dieses Bild in die sogenannte Zweistrahlgeometrie in den (103) - Pol vom YBCO gekippt. Aufgrund dieses Kippwinkels und des epitaktischen Würfel-auf-Würfel-Wachstums der Dotierphase interferieren die Orientierungen $Ba(Zr_{1-x}Y_x)O_3$ (110) und YBCO (103). Diese Interferenz resultiert in dem sichtbaren Moirékontrast, bei dem die Linien senkrecht zum $\vec{g}$ - Vektor auftreten. Der Abstand der Linien lässt Rückschlüsse auf die beiden interferierenden Phasen zu. Die $Ba(Zr_{1-x}Y_x)O_3$ - Dotierphase wächst hauptsächlich in kontinuierlichen Säulen, die sich parallel zur $c$ - Achse des YBCO ausrichten. Die Breite dieser Säulen beträgt in dieser Querschnittsaufnahme ungefähr 10 nm. Die Säulen verbiegen sich umso stärker, je

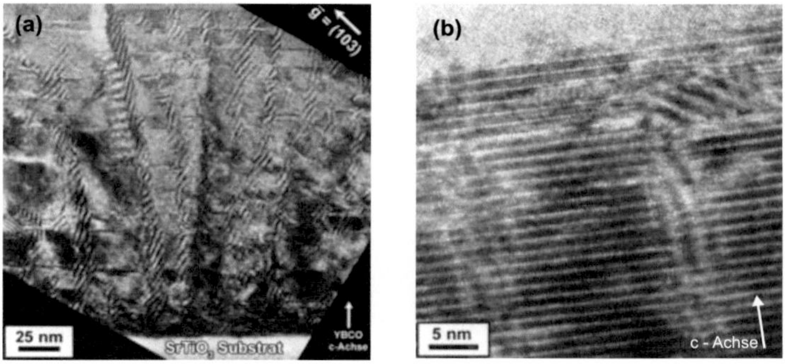


Abb. 4.33: (a) TEM - Querschnittsaufnahme der Zr2411 - dotieren Quasimultilage 100 (65 / 5). Kontinuierliche Säulen, die sich parallel zur $c$ - Achse ausbilden sind in der Aufnahme sichtbar. (b) Hochaufgelöste TEM - Aufnahme derselben Probe.

näher sie an die Oberfläche der Schicht kommen. Dieser Effekt wird auch an YSZ - ($Y_2O_3$ - stabilisiertes $ZrO_2$) dotierten [Mel07] sowie an $BaSnO_3$ - dotierten YBCO - Schichten [Mel08] beobachtet. Diese $c$ - Achsen - korrelierten Defekte bestätigen die Anisotropiedaten in einem weiten Winkelbereich um $\mu_0 H \,||\, c$.

Bereiche, die Moirékontrast zeigen, sind in Abb. 4.33 (b) noch einmal hochaufgelöst dargestellt. Allerdings wurde die Lamelle wieder so gekippt, dass alle Beugungsordnungen vom Detektor aufgenommen werden können. Somit existieren Moirékontraste aus allen vorhandenen Phasen und Orientierungen der Schicht. Deutlich erkennbar sind die $Ba(Zr_{1-x}Y_x)O_3$ - Säulen, die sich entlang der $c$ - Achse ausbilden. Die Phase, die den Moirékontrast entlang der $ab$ - Ebenen verursacht, ist $Y_2O_3$ (vgl. Abb. 4.30). Es existieren auch Bereiche, in denen sich beide Fremdphasen und damit die Moirékontraste überlagern. Hier ist nicht ausgeschlossen, dass $BaZrO_3$ bevorzugt an den Stellen wächst, an denen sich $Y_2O_3$ im YBCO ausbildet und somit als Nukleationszentrum wirkt.

## 4.6 Fazit

YBCO ist der Hochtemperatursupraleiter, der im Hinblick auf eine kommerzielle Nutzung der Supraleitung im Fokus der Forschungsarbeiten steht. Allerdings ist die Verbesserung der Stromtragfähigkeit des Materials in Magnetfeldern unerlässlich für seine technische Anwendung. Diese Dissertation beschäftigt sich mit einer Möglichkeit künstliche Pinningzentren in das Material einzubringen: mit der Off - axis - Quasimultilagenabscheidung. Sie ist ein gutes Modellsystem zur Untersuchung des Einflusses künstlicher Partikel auf die supraleitenden Eigenschaften bei gleichzeitiger Minimierung der natürlich vorkommenden Defekte in der Schicht. Zwei verschiedene Dotierstoffe wurden in diesen Quasimultilagen untersucht: (i) metallisches Hafnium, das während der Abscheidung zu perowskitischem $BaHfO_3$ reagiert und in On - axis - Quasimultilagen eine gute Pinningverbesserung zeigt und (ii) $Y_2Ba_4CuMO_y$ ($M =$ Zr , Nb), ein Doppelperowskit, dessen positive Auswirkungen auf die supraleitenden Eigenschaften in Massivproben der Ausgangspunkt für die Nutzung dieser Phase in dünnen Schichten sind.

Die Ausbildung der $BaHfO_3$ - Phase aus der metallischen Hafniumdotierung wird ab einer Konzentration von ca. 1,2 vol% auch in den Off - axis - Quasimultilagen beobachtet. Diese Partikel haben eine mittlere Größe von 20 nm, was relativ groß ist, da es nicht im Bereich von $\xi_{GL}$ liegt. Demzufolge sind es wahrscheinlich von der Fremdphase ausgehende Wachstumsdefekte, die die Eigenschaften im Magnetfeld ($j_c$ und $\mu_0 H_{irr}$) verbessern. Die Anisotropiemessungen zeigen erhöhte $j_c$ - Werte in einem weiten Winkelbereich, die mit Hilfe des Vortexpfadmodells auf $c$ - Achsen - korrelierte Defekte zurückzuführen sind. Diese konnten in TEM - Untersuchungen nachgewiesen werden. Neben diesen Informationen ist außerdem die genaue Einstellung von Größe und Anzahl der Partikel in den Quasimultilagen sinnvoll, um den Einfluss dieser Faktoren zu untersuchen. Ein neues System zur Herstellung von YBCO - Quasimultilagen mit Partikeln aus der Gasphase kann dabei hilfreich sein. Diese Partikel haben den Vorteil, dass Größe und Anzahl unabhängig voneinander durch den Abscheideprozess beeinflusst werden können [Spa11].

Die Abscheidung der Off - axis - Quasimultilagen auf technisch nutzbaren Metallbändern ist nicht trivial. Die Abscheidebedingungen müssen für diese Anwendung separat optimiert werden. Diese Dissertation zeigt, dass $BaHfO_3$ - Teilchen als Pinningzentren im YBCO geeignet sind, die supraleitenden Eigenschaften zu verbessern. Technisch relevante Methoden, mit denen schneller und effektiver dotierte YBCO - Schichten hergestellt werden können, haben mit $BaHfO_3$ eine einfache Perowskitstruktur zur Verfügung, die Pinning im Supraleiter verbessern kann (z. B. [Eng07]).

Das zweite untersuchte Material, das Doppelperowskit $M2411$, wächst epitaktisch auf einkristallinem STO und erfüllt damit die Grundbedingung für dessen Einbau in die YBCO-Matrix. Allerdings präsentiert diese Arbeit mehrere Indizien dafür, dass sich in den Quasimultilagen nicht das Doppelperowskit, sondern die einfachen yttriumdotierten Perowskite $Ba(M_{1-x}Y_x)O_3$ ($M = Zr, Nb$) bilden. Der Nachweis der $M$2411 - Phase nur mit Hilfe von Röntgendaten in Arbeiten anderer Gruppen sind als Beweis nicht ausreichend [Sir08, AK09]. Auch die einfachen Perowskite sind dafür bekannt, die supraleitenden Eigenschaften von YBCO zu verbessern. $BaZrO_3$ ist das in der Industrie am meisten verwendete Pinningmaterial. Neuere Arbeiten zeigen, dass das Doppelperowskit $Ba_2YNbO_6$ ebenfalls in das Interesse der Forschung gerückt ist [Erc10, Fel10]. In beiden Untersuchungen verbessert $Ba_2YNbO_6$ die Pinningeigenschaften und bildet Säulen aus, die sich entlang der $c$-Achse anordnen und so $j_c$ erhöhen. Die hier hergestellten Quasimultilagen zeigen bessere $j_c$-Werte in hohen Magnetfeldern sowie die Ausbildung eines S-förmigen Kurvenverlaufs des Irreversibilitätsfeldes. Die Anisotropiedaten lassen ebenfalls den Schluss zu, dass die $c$-Achsen-korrelierten Defekte $j_c$ erhöhen. TEM-Untersuchungen bestätigen diese Annahme.

# 5 Oxipniktiddünnschichten

*Man muss das Eisen schmieden, solange es heiß ist.*

Die Entdeckung von Supraleitung in eisenbasierten Verbindungen im Jahr 2008 beeinflusste die Supraleitungsforschung nachhaltig. In kürzester Zeit erschien eine Vielzahl von neuen Arbeiten auf dem PrePrint - Server *arXiv*. Der erste Teil dieses Kapitels versucht diese rasante Entwicklung nachzuzeichnen und einen Eindruck von der Begeisterung zu vermitteln, mit der die Arbeiten voran getrieben wurden. Die Eigenschaften der Grundverbindung LaOFeAs und die Dotierung mit Fluor stehen im Mittelpunkt des zweiten Teils. Es erwuchs die Notwendigkeit, so schnell wie möglich ein Verfahren zu entwickeln, supraleitende Dünnschichten herzustellen. Im dritten Abschnitt wird der zweistufige Herstellungsprozess der weltweit ersten, supraleitenden $La(O_{1-x}F_x)FeAs$ - Schichten erläutert. Strukturelle sowie supraleitende Eigenschaften der Dünnschichten werden im vierten Abschnitt diskutiert. Die ersten Versuche zur *in - situ* Präparation der Dünnschichten ist Gegenstand des abschließenden Teils dieses Kapitels.

## 5.1 Eisenbasierte Supraleiter

Im Februar 2008 veröffentlichten japanische Wissenschaftler einen Artikel über Supraleitung im $La(O_{1-x}F_x)FeAs$ ($x = 0{,}5 - 0{,}12$) System mit einer Sprungtemperatur $T_c$ von 26 K [Kam08]. Diese hohe Sprungtemperatur in einem eisenbasierten Supraleiter war eine Sensation. Nach den Kupraten [Bed86], den Borkarbiden [Cav94a, Cav94b] und $MgB_2$ [Nag02] war eine supraleitende Materialfamilie gefunden worden, die maßgeblich zum Verständnis der Hochtemperatursupraleitung beitragen kann. Außerdem ließen erste Hochfeldmessungen an $LaFeAsO_{0,89}F_{0,11}$ ein erstaunlich hohes oberes kritisches Feld $H_{c2}$ erahnen ($\mu_0 H_{c2}(0) < 63$ - 65 T) [Hun08]. Das Interesse der Forschungsgruppen war dementsprechend hoch. Innerhalb weniger Monate vervielfachte sich die Zahl weiterer Meldungen über supraleitende $Ln(O_{1-x}F_x)$ FeAs - Verbindungen ($Ln$ = Lanthanoid), der sogenannten '1111' - Phase (Tab. 5.1).

Die Verbindungen vereint der Aufbau aus alternierenden FeAs - und $Ln$O - Lagen (Abb. 5.1 (a)). Die $Ln$O - Lagen fungieren als Ladungsträgerreservoirs für die supraleitenden FeAs -

Tab. 5.1: Auswahl supraleitender Verbindungen der '1111'-Familie und ihre Veröffentlichung.

| $Ln(O_{1-x}F_x)FeAs$ | Sprungtemperatur $T_c$ | Veröffentlichung |
|---|---|---|
| $Ln$ = La | 26 K | Februar 2008 [Kam08] |
| $Ln$ = Sm | 43 K | Mai 2008 [Che08a] |
| $Ln$ = Nd | 51 K | Mai 2008 [Ren08c] |
| $Ln$ = Gd | 36 K | Juni 2008 [Che08b] |
| $Ln$ = Pr | 52 K | September 2008 [Ren08b] |

Lagen. Die undotierten Grundverbindungen der Form $Ln$OFeAs sind allerdings nicht supraleitend. Erst die Dotierung mit Fluor, d. h. die Dotierung mit Elektronen, ermöglichte in den ersten Proben der '1111' - Familie Supraleitung. Auch durch sauerstoffdefizitäre $Ln$O - Lagen wird das System supraleitend. So konnte ein $T_c$ von 55 K in der $SmFeAsO_{1-\delta}$ - Verbindung erreicht werden [Ren08a]. Mit der Substitution von Lanthan durch Strontium wurde der Ansatz verfolgt positive Ladungsträger in das System einzubringen: $(La_{1-x}Sr_x)OFeAs$ zeigt ein $T_c$ von 25 K [Wen08]. Neben der Dotierung ist auch ein mechanischer Druck von einigen GPa eine Möglichkeit $T_c$ zu ändern [Tak08], da hierdurch der Ladungsträgertransfer zwischen den Schichten verbessert wird.

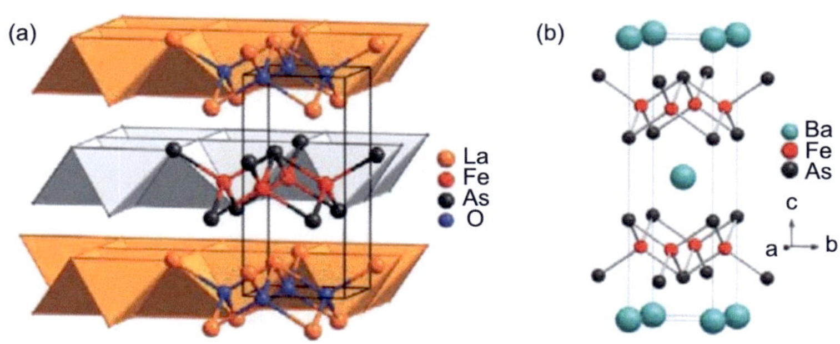


Abb. 5.1: Eine ausgeprägte Lagenstruktur ist sowohl in (a) LaOFeAs [Joh08], als auch in (b) $BaFe_2As_2$ [Rot08b] deutlich erkennbar.

Da man davon ausgeht, dass der supraleitende Stromtransport ausschließlich in den FeAs - Lagen stattfindet, sollte es möglich sein, die $Ln$O - Lagen durch andere Verbindungen oder einfache Elemente zu ersetzen. Rotter *et al.* [Rot08a] zeigten, dass die $BaFe_2As_2$ ('122' - Phase) Ähnlichkeit in seinen strukturellen, magnetischen und elektrischen Eigenschaften aufweist, verglichen mit der undotierten, nicht supraleitenden LaOFeAs - Grundverbindung. Die un-

verkennbare Gemeinsamkeit der '1111' - und der '122' - Verbindungen sind die Lagenstruktur und die FeAs - Tetraeder (Abb. 5.1). Rotter *et al.* postulierten [Rot08a], dass eine Dotierung der '122' - Phase ebenfalls zu supraleitenden Eigenschaften führen müsste und sie behielten Recht. Die Sprungtemperatur der kaliumdotierten Verbindung $Ba_{1-x}K_xFe_2As_2$ liegt bei 38 K [Rot08b]. Dadurch war nicht nur eine weitere Familie supraleitender eisenbasierter Verbindungen gefunden worden, auch gab es jetzt eine intermetallische, sauerstofffreie 'Muttersubstanz', die durch Dotierung supraleitende Eigenschaften erhielt.
Die offensichtliche Frage lautete nun: Gibt es noch einfachere (z. B. binäre) eisenbasierte supraleitende Verbindungen? Die Antwort ließ nicht lange auf sich warten. In LiFeAs ('111') fand man ein $T_c$ von 18 K [Wan08]. Hsu *et al.* experimentierten mit binärem $\alpha$-FeSe ('11') mit einer Sprungtemperatur von 8 K [Hsu08].

### Einkristalle

Für das Verständnis der intrinsischen supraleitenden Eigenschaften der Verbindungen ist die Herstellung einkristalliner Proben wichtig. Die ersten untersuchten Verbindungen waren polykristallin, hergestellt durch Mischung der Ausgangspulver und anschließende Wärmebehandlung. Unter hohem Aufwand wurden 10 - 100 $\mu$m große Kristallite der '1111' - Phase hergestellt [Zhi08, Fan09]. Einkristalle der supraleitenden 'Muttersubstanz' $La(O_{1-x}F_x)FeAs$ existieren erst seit Ende 2009, was den enormen Aufwand in deren Herstellung verdeutlicht [Yan09, Kar09]. Die Entdeckung der Supraleitung in der '122' - Familie war ein Segen für die Einkristallzüchtung, denn bei diesen intermetallischen Verbindungen kann das konventionelle Ziehen des Kristalls aus einer Schmelze verwendet werden [Ni08] und so waren „dreckige“ Einkristalle dieser Verbindung sehr schnell verfügbar.

### Dünne Schichten

Für die Untersuchung der supraleitenden Eigenschaften, wie z. B. Transporteigenschaften und Tunnelexperimente sind dünne Schichten eine hervorragende Alternative zu Einkristallen. Die Abscheidung eisenbasierter Supraleiter bringt allerdings einige Herausforderungen mit sich. Vor allem das toxische Arsen in der Verbindung macht die Abscheidung sicherheitstechnisch anspruchsvoll. Die Herstellung der fluordotierten '1111' - Verbindung gestaltet sich durch den Verlust an Fluor während der Abscheidung und das Auftreten sehr stabiler Fremdphasen in den Schichten als sehr schwierig. In der '122' - Phase wird z. B. Kobalt als Dotierungselement verwendet und die Herstellung der intermetallischen '122' - Phase als Dünnschicht ist einfacher, ähnlich wie im Fall der Einkristalle. Hiramatsu *et al.* [Hir08b] deponierten mittels PLD kobaltdotiertes $SrFe_2As_2$ auf geheizte, einkristalline $(La,Sr)(Al,Ta)O_3$ - (001) - Substrate. Sie

erreichten eine Sprungtemperatur von 20 K, vergleichbar mit Werten polykristalliner Massivproben [Hir08b].
Auch das Schichtwachstum der $La(O_{1-x}F_x)FeAs$ - Phase wurde von Hiramatsu *et al.* untersucht [Hir08a]. Die Publikation zeigt die Schwierigkeit der Dünnschichtherstellung der '1111' - Phase deutlich. Obwohl ein fluordotiertes Target verwendet wurde, sind die resultierenden Schichten nicht supraleitend, was durch den hohen Anteil von Fremdphasen in der Schicht erklärt wird.

## 5.2 Oxipniktide – Eigenschaften und Struktur

### 5.2.1 LaOFeAs – die Grundverbindung

LaOFeAs gehört zur Gruppe der quarternären Oxipniktide. Das Pniktogen, das Element der Stickstoffgruppe in der Verbindung ist hier das Arsen. Der vorhandene Sauerstoff in den LaO - Ebenen führt zur Namensbildung der *Oxi*pniktide. Diese Verbindungen mit der allgemeinen Strukturformel $Ln$OM$Pn$ (M = Mn, Fe, Co, Ni) ($Pn$ = P, As) standen schon vor Entdeckung der Supraleitung in $La(O_{1-x}F_x)FeAs$ im wissenschaftlichen Interesse. Die japanische Gruppe um Hideo Hosono war auf der Suche nach neuen transparenten Halbleitern, als Kamihara *et al.* und Watanabe *et al.* Sprungtemperaturen von 5 K in LaOFeP [Kam06] und 3 K in LaONiP [Wat07] berichteten. Diese Oxipniktide weisen entlang der kristallographischen $c$ - Achse eine Lagenstruktur aus M - $Pn$ - Tetraedern und Ln - O - Lagen auf. Im Falle der LaOFeAs - Verbindung bestehen die Tetraeder aus Eisen - und Arsenatomen. Die chemische Formel der Einheitszelle (Abb. 5.1 (a)) lautet $(Fe_2As_2)La_2O_2$ und die Kristallstruktur der Oxipniktide ist vom ZrCuSiAs - Typ [Joh74].
Bei Raumtemperatur kristallisiert die Verbindung in der tetragonalen $P4/nmm$ Raumgruppe. Kühlt man die Phase auf ca. 150 K, so vollzieht das Gitter eine strukturelle Umwandlung von der tetragonalen zur orthorhombischen *Cmma* - Kristallstruktur. Abbildung 5.2 (b) zeigt die Einheitszellen der beiden Kristallstrukturen. Die orthorhombische Einheitszelle ist im Vergleich zur tetragonalen Einheitszelle in der $ab$ - Ebene um 45° gedreht. Diese Umwandlung ist durch temperaturabhängige XRD-Messungen am tetragonalen (322) - Reflex nachweisbar (Abb. 5.2 (c)). Mittels Rietveld - Analyse wurden die Strukturparameter der LaOFeAs - Verbindung bei 300 K und 120 K ermittelt. Die Daten sind in Tab. 5.2 zusammengefasst [Nom08].
Der Ladungsträgertransport in den Oxipniktiden ist auf die FeAs - Schichten beschränkt, die durch die isolierenden LaO - Lagen getrennt werden. Diese Ladungsträger (Elektronen) sind für den metallischen Charakter der Grundverbindung verantwortlich. Auch in den tem-

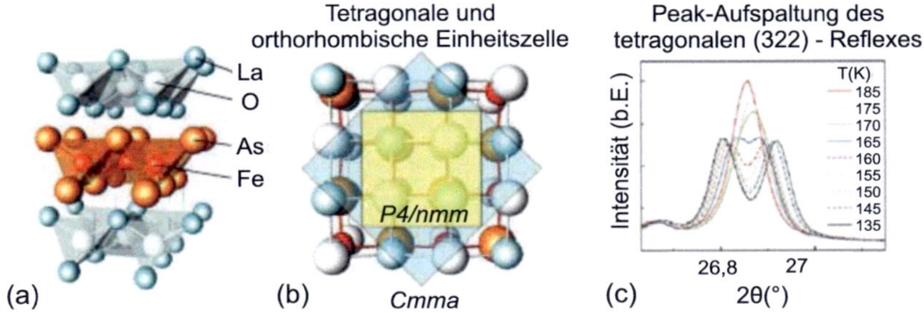


Abb. 5.2: (a) Schematische Kristallstruktur von LaOFeAs. (b) Ansicht der Kristallstruktur aus $c$-Richtung. Das innere Quadrat zeigt die Einheitszelle der tetragonalen, das äußere, die um 45° verdrehte Einheitszelle der orthorhombischen Struktur. (c) Die Peak-Aufspaltung des tetragonalen (322)-Reflexes bei verschiedenen Temperaturen verdeutlicht die temperaturabhängige Strukturumwandlung der undotierten Grundsubstanz [Nom08].

Tab. 5.2: Strukturparameter der LaOFeAs-Grundverbindung bei 300 K und 120 K ermittelt durch Rietveld-Analyse [Nom08].

| LaOFeAs | |
|---|---|
| 300 K, $P4/nmm$ | 120 K, $Cmma$ |
| $a = 4{,}03$ Å | $a = 5{,}68$ Å |
| | $b = 5{,}71$ Å |
| $c = 8{,}74$ Å | $c = 8{,}72$ Å |
| $V = 142$ Å$^3$ | $V = 283$ Å$^3$ |

peraturabhängigen Verläufen des spezifischen elektrischen Widerstands ($\rho(T)$) ist die strukturelle Umwandlung bei ca. 150 K ($T_{\text{Anomalie}}$ in Abb. 5.3) erkennbar. Auf diese strukturelle Umwandlung folgt bei ca. 134 K ein magnetischer Phasenübergang von paramagnetisch zu Spindichtewellen, wie de la Cruz *et al.* [dlC08] mit Neutronenbeugungsexperminenten zeigten. Die undotierte LaOFeAs -Verbindung zeigt keinen supraleitenden Phasenübergang oberhalb von 1,8 K.

### 5.2.2 Fluordotierung in La($O_{1-x}F_x$)FeAs

Die Dotierung der metallischen Grundverbindung LaOFeAs mit Elektronen ist die erste Methode, die genutzt wurde, um supraleitende Eigenschaften zu erreichen. Die eingebrachten Elektronen zerstören die magnetische Ordnung der Phase und induzieren so einen supraleitenden Übergang. Abbildung 5.3 (a) zeigt das Phasendiagramm von La($O_{1-x}F_x$)FeAs [Kam08].

Ermittelt wurde dieses aus Messungen des spezifischen elektrischen Widerstands in Abhängigkeit von der Temperatur (Abb. 5.3 (b)) für verschiedene Fluorgehalte. Man erkennt, dass das System ab einer nominellen Fluordotierung von $x = 0{,}04$ einen supraleitenden Phasenübergang durchläuft (Abb. 5.3 (a)). Detaillierte Untersuchungen von z. B. Hess *et al.* [Hes09] bestätigten dieses Verhalten.

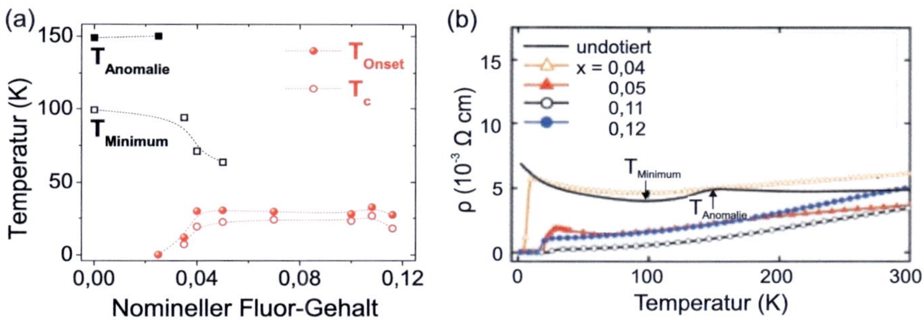


Abb. 5.3: (a) Phasendiagramm für $T_{\text{Anomalie}}$, $T_{\text{Minimum}}$, $T_c$ und $T_{c,\text{onset}}$ von $La(O_{1-x}F_x)FeAs$ [Kam08]. (b) Dem Phasendiagramm zugrunde liegende Messungen des spezifischen elektrischen Widerstands in Abhängigkeit der Temperatur für verschiedene Fluordotierungen. Ab einer nominellen Fluordotierung von ca. 0,04 wird das Material supraleitend.

Abbildung 5.4 zeigt den temperaturabhängigen Widerstandsverlauf für verschiedene Fluordotierungen für gepresste Pulverproben [Hes09]. Es können drei Dotierungsbereiche unterschieden werden.

- Geringdotierte Proben ($x \leq 0{,}04$) zeigen qualitativ den gleichen Verlauf wie undotierte Proben. Die Anomalie bei ca. 150 K ist sichtbar, gefolgt von einem Minimum und einem Anstieg bei geringen Temperaturen. Die Verbindung durchläuft demzufolge ebenfalls eine strukturelle und eine magnetische Umwandlung. Betrachtet man das Maximum und den Wendepunkt der Kurven genauer, so erkennt man, dass diese für steigende Dotierkonzentrationen zu kleinen Temperaturen hin verschoben werden. Erhöht man den Fluorgehalt weiter, so zeigen die Proben nicht nur einen supraleitenden Phasenübergang, sondern auch der Verlauf der Kennlinien im normalleitenden Bereich ändert sich drastisch.

- Im Bereich von $0{,}05 \leq x \leq 0{,}075$ Fluorgehalt ist der Anstieg der Kennlinien bei tiefen Temperaturen, kurz vor dem supraleitenden Übergang, immer noch sichtbar. Die Signatur der strukturellen und magnetischen Phasenumwandlung ($T_{\text{Anomalie}}$ bzw. $T_{\text{Wendepunkt}}$)

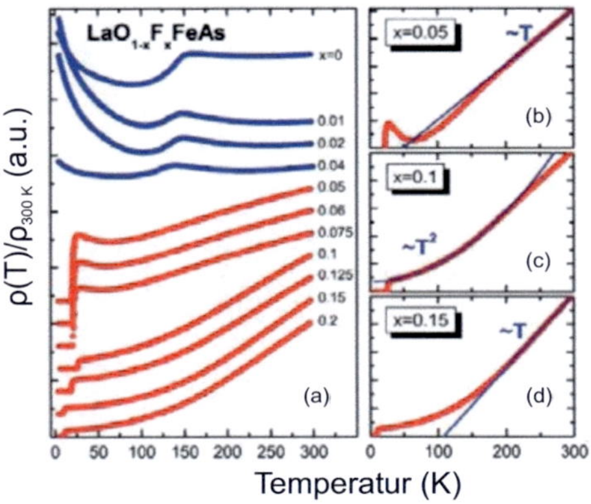


Abb. 5.4: (a) Normierter spezifischer elektrischer Widerstand von $La(O_{1-x}F_x)FeAs$ mit verschiedenen Fluordotierungen. Drei Dotierungsbereiche werden deutlich, die verschieden angenähert werden können: (b)-(d) Normierte $\rho(T)$ - Kennlinien für $x = 0{,}05, 0{,}1$ und $0{,}15$ mit verschiedenen Näherungen: (b) und (d) Lineare Näherung zwischen 250 und 300 K (c) Näherungsfunktion $\rho(T) = \rho_0 + AT^2$ zwischen 50 und 150 K [Hes09].

verschwindet jedoch in den dotierten Proben; $\rho(T)$ steigt monoton für $T \geq 60$ K. Obwohl dieser Anstieg für $T \geq 250$ K linear ist, weicht er unterhalb dieser Temperatur vom linearen Verlauf ab. Hess *et al.* schlussfolgern daraus, dass trotz der Unterdrückung der strukturellen und magnetischen Umwandlung, die Proben charakteristische Züge der Grundverbindung aufweisen [Hes09].

- Im Dotierbereich von $0{,}1 \leq x \leq 0{,}2$ ändert sich der Verlauf der Kennlinien noch einmal. Hier ist der Anstieg bei tiefen Temperaturen kurz vor $T_c$ nicht mehr vorhanden. Stattdessen kann die Kennlinie zwischen $T_c$ und ca. 200 K einer quadratischen Funktion $\rho(T) = \rho_0 + AT^2$ ($\rho_0 =$ konstant) angenähert werden, was auf eine erhöhte Elektron - Elektron - Wechselwirkung schließen lässt [Hes09]. Bei einer Fluorkonzentration von $x = 0{,}11$ wird die maximale Sprungtemperatur von 26,8 K erreicht. Mit $x > 0{,}11$ sinkt die Sprungtemperatur wieder und der Verlauf der Kennlinie nähert sich nach der quadratischen Abhängigkeit einem linearen Verlauf.

Die Abbildungen 5.4 (b) - (d) zeigen Näherungen für die verschiedenen Fluordotierungen. Eine erhöhte Fluordotierung ($x > 0{,}04$) in der LaOFeAs - Grundverbindung unterdrückt die strukturelle Umwandlung des tetragonalen Gitters. XRD - Messungen einer mit $x = 0{,}14$ fluordotierten Probe bei 300 K und 120 K zeigen, dass die Phase der *P4/nmm* Raumgruppe zugeordnet werden kann (Tab. 5.3). Allerdings verringern sich die Werte der Gitterzelle mit steigender Fluordotierung [Nom08].

Tab. 5.3: Strukturparameter der $x = 0{,}14$ fluordotierten LaOFeAs - Verbindung bei 300 K und 120 K [Nom08].

| $x = 0{,}14$ F - dotiert LaOFeAs | |
|---|---|
| 300 K, *P4/nmm* | 120 K, *P4/nmm* |
| $a = 4{,}02$ Å | $a = 4{,}02$ Å |
| $c = 8{,}70$ Å | $c = 8{,}67$ Å |
| $V = 141$ Å$^3$ | $V = 140$ Å$^3$ |

Die ausgeprägte Lagenstruktur in den Oxipniktiden legt nahe, dass die elektronischen Eigenschaften anisotrop sind. Für Messungen der Anisotropie von $\mu_0 H_{c2}$ ist es demzufolge notwendig, Einkristalle oder stark texturierte Proben und damit z. B. Dünnschichten zu verwenden. Für die Herstellung dünner *supraleitender* La$(O_{1-x}F_x)$FeAs - Schichten ist essentiell, eine definierte und ausreichende Fluordotierung der Phase zu erreichen. Die Einstellung dieser Fluordotierung sowie die Unterdrückung möglicher Fremdphasen des Lanthan stellen die Hauptschwierigkeiten der Präparation der Dünnschichten dar. Im nachfolgenden Kapitel wird die Schichtherstellung im Zweistufenprozess erläutert.

## 5.3 Schichtherstellung im Zweistufenprozess

Die ersten La($O_{1-x}F_x$)FeAs - Schichten wurden in einem Zweistufenprozess (Abb. 5.5) hergestellt, der nach der Abscheidung eine Wärmebehandlung erfordert. Dieses Verfahren wurde gewählt, um die Kontamination der PLD - Kammer mit Arsen und Arsenverbindungen so gering wie möglich zu halten. Die einzelnen Schritte dieses Prozesses werden in den nachfolgenden Abschnitten erläutert: die La($O_{1-x}F_x$)FeAs - Targetpräparation, die gepulste Laserabscheidung und die Wärmebehandlung der Dünnschichten. In dieser Dissertation wurden auch erste Versuche zur *in - situ* - Phasenbildung durchgeführt. Diese Ergebnisse werden in Abschnitt 5.5 kurz diskutiert.

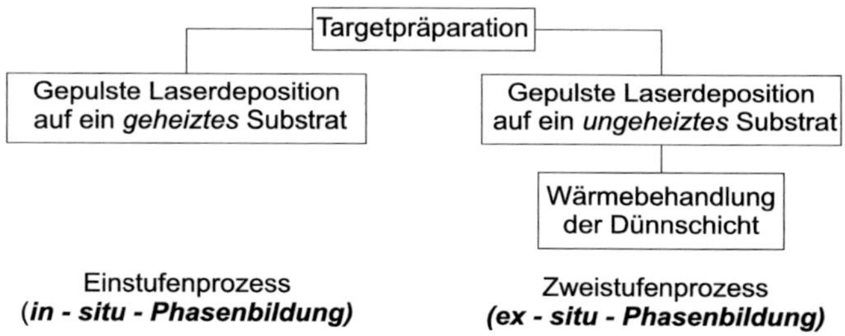


Abb. 5.5: Einstufige und zweistufige Schichtherstellung der Oxipniktiddünnschichten. In dieser Arbeit wird der Zweistufenprozess mit *ex - situ* - Phasenbildung betrachtet.

### 5.3.1 Targetpräparation

Die Targets für die gepulste Laserabscheidung werden von Jochen Werner im Institut für Festkörperforschung des IFW angefertigt. Polykristalline La($O_{1-x}F_x$)FeAs - Proben werden aus reinen Ausgangsmaterialien in einer zweistufigen Festkörperreaktion hergestellt (vergleichbar mit dem Prozess von Zhu *et al.* [Zhu08]). Im ersten Schritt wird Fe - und As - Pulver gemahlen, gemischt und in Pellets gepresst. Anschließend werden diese Pellets 2 h bei 500°C und 10 h bei 700°C in einer evakuierten Quarzglasampulle geglüht. Im zweiten Schritt werden diese Pellets wieder aufgemahlen und mit La, geglühtem $La_2O_3$ und kalziniertem $LaF_3$ - Pulver gemischt und unter einem Druck von 1 GPa erneut zu Pellets gepresst. All diese Schritte erfolgen unter Argonatmosphäre. Diese Pellets werden anschließend noch einmal 8 h bei 940°C und 40 h bei 1040°C in einer evakuierten Quarzglasampulle geglüht [Kon09]. Abbildung 5.6 (a) zeigt eine evakuierte und abgeschmolzende Quarzglasampulle mit den enthaltenen Pellets. Während der Wärmebehandlung herrscht in der Ampulle ein erhöhter As - Druck, der hauptsächlich von Temperatur und Volumen der Ampulle abhängt [Kon09]. Für die Verwendung als Target in der PLD - Anlage werden Pellets mit einem Durchmesser von 10 mm angefertigt (Abb. 5.6 (b)). Außerdem werden deren supraleitende Eigenschaften vor Einbau in die PLD - Anlage kontrolliert. Als Targetmaterial werden Fluordotierungen von $x = 0{,}11$ (als optimale Dotierkonzentration), sowie $x = 0{,}25$ verwendet. Um einen starken Sauerstoffeinbau in die Schichten zu vermeiden, wird außerdem für die *in - situ* - Präparation ein sauerstofffreies $LaF_{0,1}FeAs$ - Target verwendet. Zum zusätzlichen Einbau von Fluor in die Dünnschichten wird ein $MgF_2$ - Target genutzt. Zusammen mit einem $La(O_{1-x}F_x)FeAs$ - Target werden so $La(O_{1-x}F_x)FeAs$ / $MgF_2$ - Multilagen hergestellt.

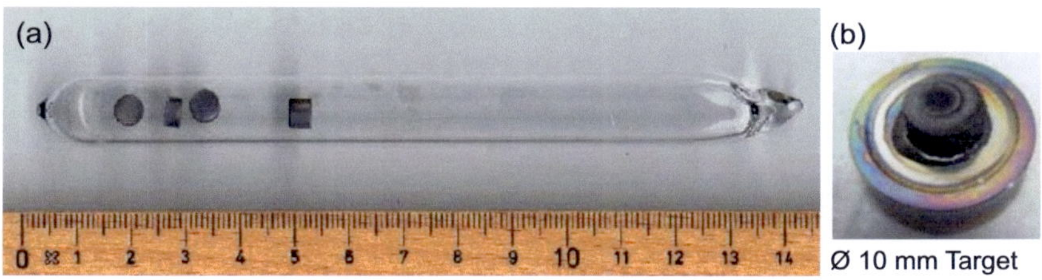


Abb. 5.6: (a) Evakuierte und abgeschmolzene Quarzglasampulle mit den reagierten Pellets der $La(O_{1-x}F_x)FeAs$ - Phase [Kon09] (b) 10 mm Target nach Beschuss in der PLD - Anlage.

## 5.3.2 Gepulste Laserabscheidung

Die Abscheidung arsenhaltiger Schichten in einer Vakuumkammer erfordert besondere Sicherheitsvorkehrungen. Um eine Kontamination mit Arsen und Arsenverbindungen zu vermeiden, wurde an die Kammertür eine Schleusenvorrichtung für den sicheren Ein- und Ausbau der Proben angebracht. Diese Handschuhbox - ähnliche Vorrichtung ermöglicht den Probenwechsel in einer Argonatmosphäre und verhindert, dass kontaminierter Staub freigesetzt wird. Abbildung 5.7 zeigt den Aufbau der modifierten PLD - Anlage.

Tabelle 5.4 fasst die verwendeten Parameter bei der Herstellung der Dünnschichten zusammen. Vor und nach jedem Probenwechsel wird sowohl die Kammer als auch die Schleusenvorrichtung mit Argon gespült. Der Druck in der Vakuumanlage, das verwendete Substrat und das Target sind die Haupteinflussfaktoren der Abscheidung auf die strukturellen und supraleitenden Eigenschaften der $La(O_{1-x}F_x)FeAs$ - Schichten und werden in den nächsten Abschnitten diskutiert.

Für die ersten *in - situ* - Präparationen der Dünnschichten wird ein Heizer in die Kammer

Abb. 5.7: Modifizierter Aufbau der PLD-Anlage für die Abscheidung der $La(O_{1-x}F_x)FeAs$-Schichten bei Raumtemperatur. Für den sicheren Umgang mit den arsenhaltigen Proben wurde eine Schleusenvorrichtung angebracht.

eingebaut, der Temperaturen bis 1000°C erreicht. Die Abscheidung erfolgt in der On-axis-Geometrie. Alle anderen Abscheideparameter bleiben gegenüber der *ex-situ*-Präparation unverändert.

Tab. 5.4: Verwendete Parameter bei der $La(O_{1-x}F_x)FeAs$-Abscheidung bei Raumtemperatur.

| Verwendete Parameter | |
|---|---|
| Substrat | (001) LAO, STO, MgO |
| Druck (Ar bzw. Restvakuum) | $0{,}5 \cdot 10^{-7}$ mbar |
| Frequenz | 10-40 Hz |
| Energiedichte | 4 J/cm$^2$ |
| Wellenlänge des Lasers | 248 nm (KrF) |
| Temperatur | Raumtemperatur |
| Target-Substrat-Abstand | 4 cm |

### 5.3.3 Wärmebehandlung für die Phasenbildung

Die *richtige* Wärmebehandlung der deponierten Dünnschichten ist für die Phasenbildung ausschlaggebend. In dieser Dissertation werden verschiedene Varianten dieser Wärmebehandlung untersucht. Die erfolgreichste Methode ist das Einschmelzen der Dünnschichten in eine evakuierte Quarzglasampulle zusammen mit einer Massivprobe mit ähnlicher Zusammensetzung.

Wie bei der Herstellung des Targetmaterials hat auch hier die Größe der Ampulle und die Temperatur einen entscheidenden Einfluss auf die Phasenbildung der Dünnschichten. Abbildung 5.8 zeigt reagierte Dünnschichten und eine Massivprobe in der Quarzglasampulle. Um die Sauerstoffexposition der Schichten so gering wie möglich zu halten, werden alle Transferarbeiten in einer Argonbox durchgeführt. Das Abschmelzen der evakuierten Ampullen, sowie die Glühungen werden von Herrn Jochen Werner durchgeführt. Die verwendeten Temperaturprofile sind in Tab. 5.5 zusammengefasst.

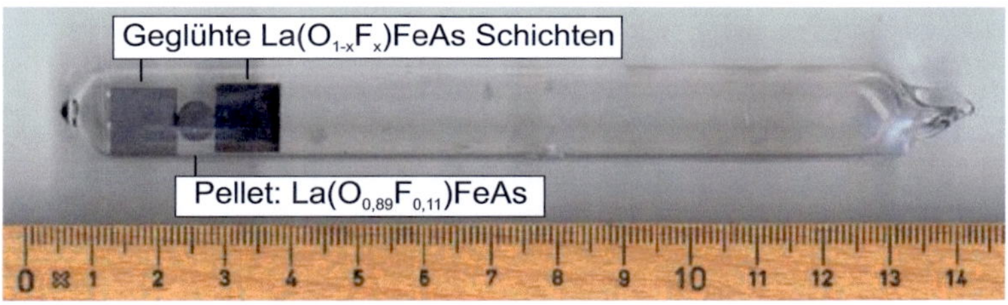


Abb. 5.8: Evakuierte und abgeschmolzene Quarzglasampulle mit reagierten Dünnschichten und einem Pellet.

Neben dem Einschmelzen der Dünnschichten in evakuierte Quarzglasampullen werden einige Dünnschichten in einem offenen Quarzglasrohr geglüht. Die Schichten werden dafür auf einer Titanunterlage mit den Vorderseiten übereinander gelegt und in einem während der gesamten Glühdauer evakuierten Rohr geglüht. Die dabei verwendeten Temperaturprofile sind in Tab. 5.5 zusammengefasst.

Tab. 5.5: Verschiedene Wärmebehandlungen der Dünnschichten.

| Glühung lfd. Nr. | offen/geschlossen | Heizrate | Endtemperatur | Glühzeit | Abkühlrate |
|---|---|---|---|---|---|
| 1 | geschlossen | 5 K/min | 940°C - 1030°C | 1 - 20 h | 5 K/min |
| 2 | offen | 5 K/min | 1100°C | 1 - 10 h | 5 K/min |

## 5.4 Der Weg zu supraleitenden La($O_{1-x}F_x$)FeAs - Schichten

Im folgenden Abschnitt wird die Herstellung der *ersten supraleitenden La($O_{1-x}F_x$)FeAs-Dünnschichten* erläutert. Dabei steht der Einfluss des Substrates, die Fluordotierung und die Wärmebehandlung im offenen und im geschlossenen System im Vordergrund. Für diese Dissertation war es durch den zeitlichen Rahmen nicht beabsichtigt, ein vollständiges und abgeschlossenes Bild der '1111'- Dünnschichtherstellung aufzuzeigen. Viele Fragen und Interpretationen bleiben offen und liefern so zahlreiche Ansätze für zukünftige Arbeiten.

### 5.4.1 Substrateinfluss auf das Schichtwachstum

Für die Abscheidung der La($O_{1-x}F_x$)FeAs - Schichten stehen verschiedene Substratmaterialien zur Verfügung: jeweils (001) - orientiertes MgO, STO sowie LAO. Betrachtet man die Gitterkonstanten dieser Materialien in Bezug auf die Gitterfehlpassung zu La($O_{1-x}F_x$)FeAs (Tab. 5.6), so erscheint STO mit der geringsten Gitterfehlpassung auf den ersten Blick am geeignetsten. Als Vergleichswert dient die Gitterkonstante von fluordotiertem La($O_{1-x}F_x$)FeAs mit $x = 0{,}14$. Wie bereits erläutert (Kap. 4), wird STO als Substratmaterial bei der Herstellung dünner YBCO - Schichten verwendet. Die Abscheidung findet hier bei hohen Temperaturen (800°C) in einer Sauerstoffatmosphäre statt, um eine ausreichende Sauerstoffdotierung von YBCO zu gewährleisten. Der im STO gebundene Sauerstoff diffundiert bei diesen hohen Temperaturen aus dem Material, was im Fall des YBCO - Wachstums kein Problem darstellt. Im Fall von La($O_{1-x}F_x$)FeAs wirkt sich dieser Sauerstoff schädlich auf die Phasenbildung aus und es kommt zur Bildung oxidischer Fremdphasen, was im Laufe dieses Kapitels erläutert wird. Die Bildung von LaOF und $La_2O_3$ Fremdphasen behindert den supraleitenden Stromtransport. Obwohl STO mit der geringen Gitterfehlpassung am geeignetsten erscheint, wird es hier nicht als Substratmaterial verwendet. Experimente mit bereits vorgeglühten STO-Substraten zeigten keinen Erfolg. In weiteren Arbeiten sollte der Substrateinfluss genauer untersucht werden. STO könnte allerdings durch zusätzliche Puffer auch Verwendung finden. (001) - orientiertes MgO ist mit einer Gitterfehlpassung von 4,51% eine Alternative. Allerdings weist dieses Material einen hohen thermischen Ausdehnungskoeffizienten auf. Die auf MgO hergestellten La($O_{1-x}F_x$)FeAs - Dünnschichten platzen bei der Wärmebehandlung vom Substrat ab (Abb. 5.9 (a)). Obwohl LAO die höchste Gitterfehlpassung zu La($O_{1-x}F_x$)FeAs aufweist, sind die wärmebehandelten Schichten dicht und geschlossen (Abb. 5.9 (b)). Für die weiteren Experimente wurden somit LAO - Substrate verwendet.

Tab. 5.6: Gitterkonstanten, Gitterfehlpassung sowie thermische Ausdehnungskoeffizienten verschiedener Substratmaterialien im Vergleich zu $La(O_{1-x}F_x)FeAs$. Daten bereitgestellt von CrysTec Kristalltechnologie GmbH.

| Material | Gitterkonstante | Gitterfehlpassung zu $La(O_{1-x}F_x)FeAs$ $x = 0{,}14$ F - dotiert: $a = 0{,}402$ nm [Nom08] | thermischer Ausdehnungskoeffizient |
|---|---|---|---|
| MgO | 0,421 nm | 4,51% (Zugspannung) | $14 \cdot 10^{-6}\,K^{-1}$ |
| LAO | 0,382 nm | 5,23% (Druckspannung) | $10 \cdot 10^{-6}\,K^{-1}$ |
| STO | 0,391 nm | 2,94% (Druckspannung) | $9 \cdot 10^{-6}\,K^{-1}$ |

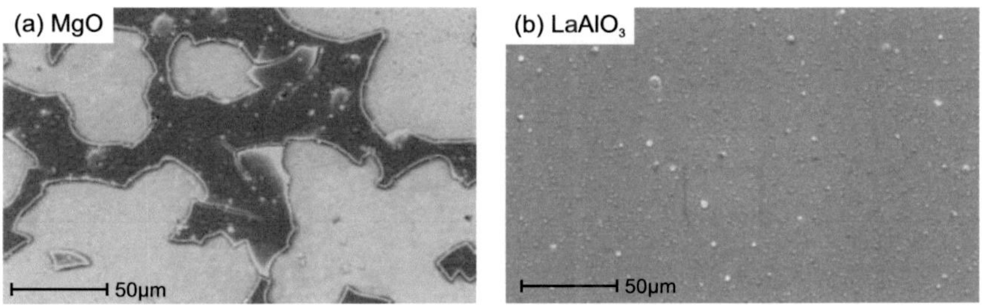


Abb. 5.9: Wärmebehandelte $La(O_{1-x}F_x)FeAs$ - Schichten auf (a) MgO - und (b) auf LAO - Substrat. Trotz der niedrigeren Gitterfehlpassung der Schicht zu MgO im Vergleich zu LAO, platzt die Schicht während der Wärmebehandlung ab.

## 5.4.2 Fluordotierung nach der Abscheidung

Die notwendige Fluordotierung der Schichten hängt von zwei Abscheideparametern ab:

- vom Hintergrundgasdruck in der Vakuumkammer während der Abscheidung
- von der Fluordotierung des Targets

Der Einfluss des Hintergrundgasdruckes in der Vakuumkammer wird in einer Druckserie auf MgO - Substrat deutlich. Das optimal ($x = 0{,}11$) fluordotierte Material wird als Target verwendet. Die Stöchiometrie der Schichten wird direkt nach der Abscheidung bei Raumtemperatur im WDX gemessen. Mit steigendem Druck in der Vakuumkammer wird zunehmend Sauerstoff in die Schichten eingebaut (Abb. 5.10). Das relativ schlechte Restvakuum von $10^{-6}$ mbar in der Kammer und die Tatsache, dass diese Schichten auf MgO - Substraten hergestellt wurden, erklärt die hohen Sauerstoffkonzentrationen von $> 50$ at% bei der WDX - Messung. Der Fluorgehalt der Schichten sinkt mit steigendem Argonhintergrundgasdruck durch die erhöhte

Streuung. Die absoluten Werte dieser Messung sind für die Schlussfolgerungen nicht notwendig. Interessant ist der relative Verlauf der Elementkonzentrationen mit steigendem Druck.

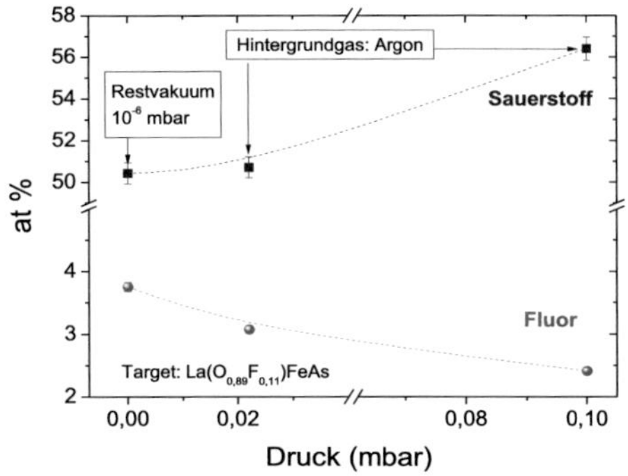


Abb. 5.10: Mit steigendem Hintergrundgasdruck während der Abscheidung steigt der Sauerstoffgehalt und sinkt der Fluorgehalt in den Schichten. Für die richtige Phasenbildung ist die Abscheidung bei niedrigem Druck notwendig.

Der Vergleich zwischen Fluorgehalt des Targets und der Schichten zeigt, dass selbst bei niedrigem Druck nur ein geringer Teil des Fluors in den Schichten vorhanden ist. Für die Bildung der supraleitenden Phase ist eine Fluorkonzentration von $x > 0{,}04$ notwendig (Abb. 5.3). Demzufolge ist die Abscheidung bei niedrigem Druck allein keine Möglichkeit ausreichend fluordotierte Dünnschichten herzustellen. Um den Verlust des Fluors während der Abscheidung zu kompensieren, ist es sinnvoll, die Fluorkonzentration des Targets deutlich zu erhöhen. Dafür werden zwei Varianten gewählt:

- die Verwendung eines stöchiometrischen $La(O_{1-x}F_x)FeAs$ - Targets mit einer starken Fluorüberdotierung von $x = 0{,}25$
- die Verwendung der Quasimultilagentechnik (siehe Kapitel 4.3), d. h. die alternierende Abscheidung mit einem stöchiometrischen $La(O_{1-x}F_x)FeAs$ - und einem zusätzlichen $MgF_2$ - Target

Der Hauptansatz dieser Arbeit liegt in der Verwendung eines $x = 0{,}25$ fluordotierten Targets. WDX - Messungen an Dünnschichtproben, die mit einem solchen $x = 0{,}25$ Target bei niedrigem Druck in der Vakuumanlage hergestellt wurden, ergaben Fluorgehalte von ungefähr $x = 0{,}1$ in den Schichten. Die nachfolgende Wärmebehandlung wird im nächsten Abschnitt diskutiert. Sie hat den größten Einfluss auf die richtige Phasenbildung und die Reduzierung der Fremdphasen in der Herstellung der Oxipniktiddünnschichten.

### 5.4.3 Phasenbildung durch Wärmebehandlung

Zwei verschiedene Ansätze für die Wärmebehandlung wurden in dieser Arbeit verfolgt: ein offenes sowie ein geschlossenes System. Die Hauptresultate beider Varianten werden im nachfolgenden Abschnitt erläutert.

#### Wärmebehandlung im offenen System

Abbildung 5.11 zeigt das Ergebnis der Wärmebehandlung zweier Proben, die in einem offenen, evakuierten Glasrohr mit den abgeschiedenen Schichten übereinander geglüht wurden. Die Wärmebehandlung erfolgte zunächst für 30 min, anschließend für weitere 60 min. Bereits nach der ersten Glühung sind die Oxide und Oxifluoride der Hauptbestandteil der Schichten. Weitere kleine Reflexe sind in den Röntgendiffraktogrammen für FeAs und $La(O_{1-x}F_x)FeAs$ vorhanden, wobei für $La(O_{1-x}F_x)FeAs$ keine bevorzugte Orientierung zu erkennen ist. Die zweite Wärmebehandlung verstärkt die Oxid- und Oxifluoridbildung weiter (erkennbar vor allem am (220) - Reflex des $La_2O_3$). Die verstärkte Oxidbildung in der zweiten Wärmebehandlung wird besonders bei Probe 2 deutlich, die bei niedrigerem Vakuum abgeschieden wurde und somit einen höheren Sauerstoffgehalt in der Schicht aufweist (Abb. 5.10).

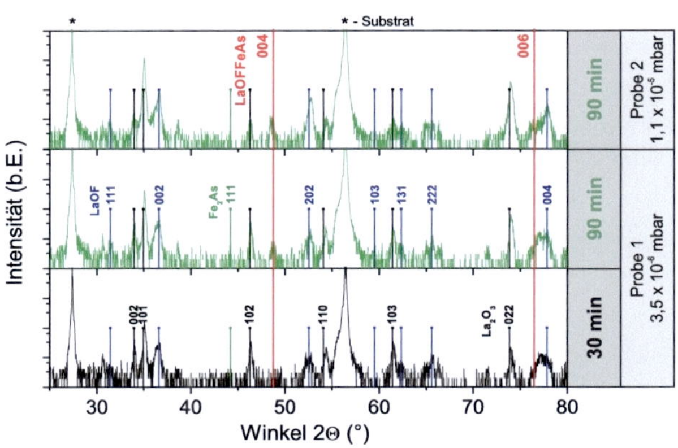


Abb. 5.11: Durch die Wärmebehandlung im offenen System werden hauptsächlich die Oxide und Oxifluoride des Lanthan gebildet. Eine bevorzugte Orientierung für die gewünschte $La(O_{1-x}F_x)FeAs$ - Phase ist nicht zu erkennen.

Ein weiteres Problem der offenen Wärmebehandlung ist der Arsengehalt der Schichten. Liegen die Schichten während der Glühung nicht zu 100% übereinander, so zeigen EDX - Messungen, dass der Arsengehalt in den unbedeckten Bereichen deutlich abnimmt (Abb. 5.12 (a)). Der

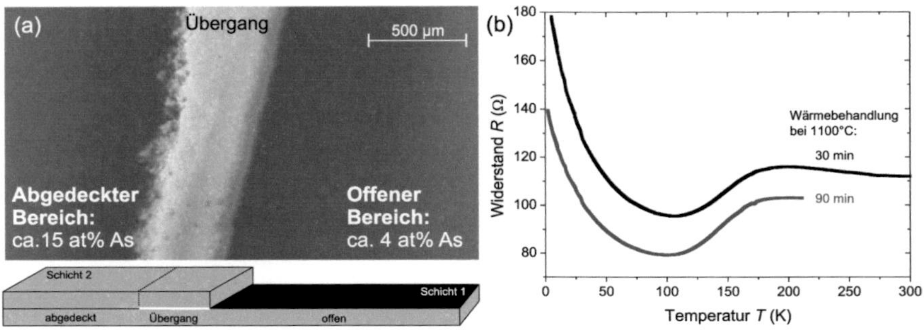


Abb. 5.12: (a) Der Arsengehalt der Schichten sinkt im offenen Bereich deutlich ab. Eine geschlossene Atmosphäre während der Wärmebehandlung ist für die richtige Phasenbildung notwendig. (b) $R(T)$ - Messungen des abgedeckten, arsenreichen Bereiches der offen geglühten Dünnschicht zeigen den charakteristischen Verlauf einer geringdotierten $La(O_{1-x}F_x)FeAs$ - Massivprobe (Abb. 5.4).

Verlauf der $R(T)$ - Kennlinie im abgedeckten, arsenreichen Bereich zeigt, wie durch die Phasenbildung zu erwarten, keinen supraleitenden Phasenübergang (Abb. 5.12 (b)). Vergleicht man diese Kennlinien mit den $R(T)$ - Verläufen geringdotierter Massivproben (Abb. 5.4), erkennt man in beiden Fällen, dass der Widerstand mit sinkender Temperatur bis ca. 200 K ansteigt, um danach bei ca. 100 K ein Minimum aufzuweisen und anschließend monoton anzusteigen. Dieser Verlauf ist charakteristisch für die geringdotierte $La(O_{1-x}F_x)FeAs$ - Phase. Durch die offene Wärmebehandlung wurde demzufolge neben dem hohen Oxidanteil eine geringdotierte $La(O_{1-x}F_x)FeAs$ - Phase gebildet. Allerdings ist der Fluorgehalt trotz der Verwendung des hochdotierten Targets nicht ausreichend, um die supraleitende Phase zu bilden.

Daraus resultierend müssen für die *erfolgreiche* $La(O_{1-x}F_x)FeAs$ - Phasenbildung folgende Kriterien erfüllt sein:

- Abscheidung der Schichten bei möglichst niedrigem Druck, um den Fluorgehalt der Schichten zu erhöhen und den Sauerstoffgehalt so gering wie möglich zu halten
- Nutzung eines hochdotierten Fluortargets, um den Fluorverlust durch Streuung während der Abscheidung zu kompensieren
- Wärmebehandlung in einer geschlossenen evakuierten Quarzglasampulle, um die Bildung von Oxiden und Oxifluoriden zu verhindern und ausreichend Fluor in den Schichten zu erhalten

- Schaffung einer gesättigten Arsenatmosphäre, um den Arsengehalt der Schichten beizubehalten

Der nächste Abschnitt zeigt, dass bei Einhaltung dieser Kriterien erstmals die Bildung der supraleitenden $La(O_{1-x}F_x)FeAs$ - Phase als Dünnschicht möglich ist.

### Wärmebehandlung im geschlossenen System

Wie essentiell die *richtige* Wärmebehandlung der abgeschiedenen Dünnschichten für die Phasenbildung ist, zeigt Abb. 5.13. Trotz fast identischer Abscheidebedingungen (Abscheidedruck $p \approx 1 \cdot 10^{-5}$ mbar), d. h. gleicher Stöchiometrie der abgeschiedenen Dünnschichten, ist die resultierende Phase verschieden. Während bei der offenen Wärmebehandlung hauptsächlich $La_2O_3$ und LaOF gebildet werden, zeichnet sich die in einer abgeschlossenen Atmosphäre geglühte Schicht durch eine beginnende (00*l*)-Orientierung der $La(O_{1-x}F_x)FeAs$ - Phase aus. Abbildung 5.14 zeigt das Ergebnis mehrerer hintereinander durchgeführter Glühungen derselben Schicht. Mit steigender Glühdauer bildet sich die *c* - Achsen - orientierte (00*l*)-$La(O_{1-x}F_x)FeAs$ - Phase aus. Zusätzlich sind kleine Reflexe anderer Orientierungen ((111), (112)) erkennbar. Die Bildung von FeAs wird nach einer Glühzeit von 10 h begünstigt. Verunreinigungen, wie Oxide und Oxifluoride sind durch den hohen Sauerstoffgehalt der Ausgangsschichten nach der Abscheidung ebenfalls zu erwarten und auch erkennbar.

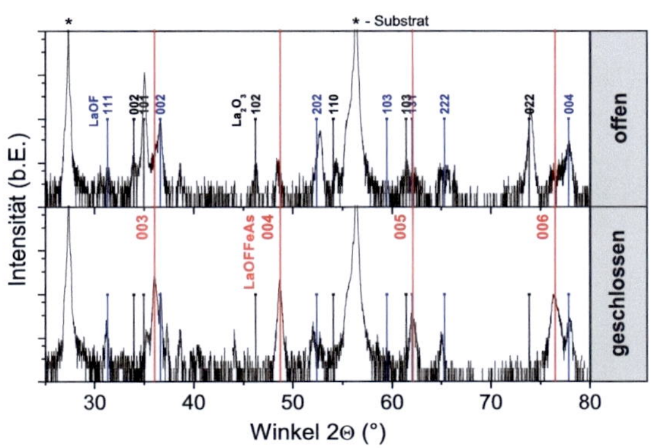


Abb. 5.13: Der entscheidende Einfluss der Wärmebehandlung auf die Phasenbildung wird in diesem Diagramm deutlich. Während im offenen Fall hauptsächlich Oxid und Oxifluorid gebildet wird, zeigt die im geschlossenen System geglühte Schicht eine beginnende (00*l*) - Orientierung der $La(O_{1-x}F_x)FeAs$ - Phase.

Die Berechnung der Gitterparameter aus den Röntgendiffraktogrammen ist bei Dünnschichten schwierig, da der Einfluss der Gitterfehlpassung von Substrat und Schicht das Ergebnis deutlich verfälschen kann. Im Fall der *ex-situ* hergestellten, relativ dicken (ca. 600 nm) Dünnschichten mit nachträglicher Wärmebehandlung sollte die Gitterfehlpassung durch Relaxationsvorgänge ausgeglichen werden. Demzufolge können die Gitterparameter der $La(O_{1-x}F_x)FeAs$-Phase aus den Röntgendaten mit $a = 3{,}9$ Å und $c = 8{,}677$ Å angenommen werden. Diese Ergebnisse legen nahe, dass die Fluorkonzentration der Phase $x \approx 0{,}14$ beträgt (vgl. Tab. 5.3 $c$-Achse). Die $a$-Achse ist in der hergestellten Dünnschicht deutlich geringer als in den Massivproben. Es ist möglich, dass $La(O_{1-x}F_x)FeAs$ das Lanthan entzogen wird und demzufolge die $a$-Achse der Phase kleiner wird. Die Bildung von LaOF wird durch diesen Lanthanüberschuss begünstigt. LaOF wird hier mit Gitterparametern von $a = 5{,}78$ Å und $c = 5{,}7$ Å angenommen.

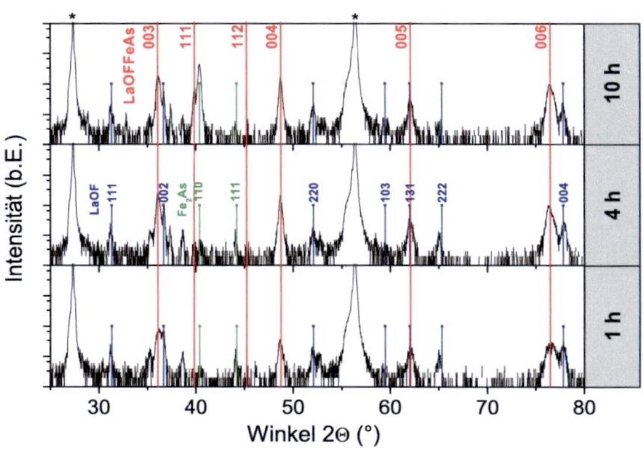


Abb. 5.14: Die Röntgendiffraktogramme einer mehrfach geglühten Dünnschicht zeigen den Beginn der Ausbildung der $c$-Achsen-orientierten $La(O_{1-x}F_x)FeAs$-Phase. Oxid-, Oxifluorid- sowie Eisenarsenverunreinigungen sind in der Schicht vorhanden.

Die Messung der Textur der 10 h geglühten Dünnschicht (Abb. 5.15) zeigt eine vierzählige Symmetrie der Schicht mit FWHM-Werten $< 1°$. Eine schwache Fasertextur wird in der Polfigur sichtbar. Ein Vergleich mit dem Phi-Scan des (101)-Reflexes des unterliegenden LAO-Substrates (FWHM $\approx 0{,}5°$) verweist auf ein epitaktisches Wachstumsverhältnis von (001)[100] $La(O_{1-x}F_x)FeAs$ || (001)[100] LAO trotz der Gitterfehlpassung von 5,23 % (Tab. 5.6).

Die Ausbildung der (00$l$)-Orientierung nach mehreren Wärmebehandlungsschritten und die Verteilung der Fremdphasen (Abb. 5.14) beeinflusst die temperaturabhängigen Messungen des elektrischen Widerstands (Abb. 5.16) deutlich. Nach einer Glühung von 1 h bei 1030°C fällt

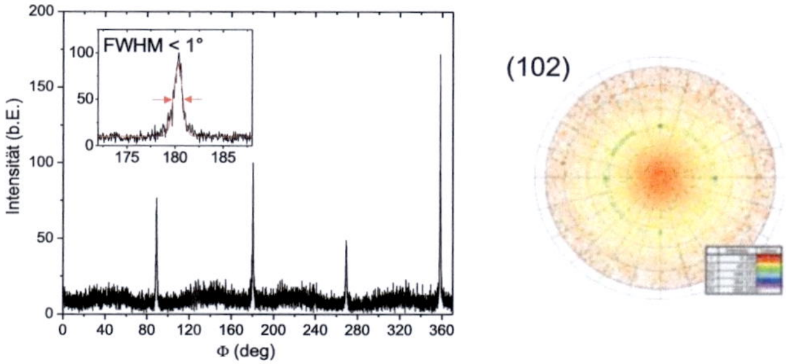


Abb. 5.15: CuK$\alpha$ (102) - Phi - Scan nach einer Glühdauer von 10 h. Die vierzählige Symmetrie und eine schwache Fasertextur werden in der Polfigur deutlich.

der Widerstand linear bis $T \approx 150\,\mathrm{K}$, gefolgt von einem Abfall mit quadratischer Charakteristik, um bei $T_{\mathrm{c,onset}} = 6{,}5\,\mathrm{K}$ deutlich abzufallen. Nach weiteren 3 h Glühzeit sieht der Verlauf des Graphen mit der linearen, gefolgt von der quadratischen Abhängigkeit gleich aus. Beide Verläufe des elektrischen Widerstands zeigen ein Minimum bei $T_{\mathrm{min}} = 47{,}6\,\mathrm{K}$. Dieser Verlauf ähnelt dem der geringdotierten ($0{,}05 < x < 0{,}075$), aber supraleitenden Massivproben (Abb. 5.4). Aber auch nach 4 h Glühzeit ist der Abfall bei $T_{\mathrm{c,onset}} = 11{,}1\,\mathrm{K}$ nicht vollständig, d. h. der Widerstand sinkt für Messungen bis 2 K nicht auf Null. Glüht man die Schicht weitere 6 h, so verändert sich der Verlauf des Graphen. Das Minimum bei $T_{\mathrm{min}} = 47{,}6\,\mathrm{K}$ verschwindet, die Messwerte fallen monoton bis $T_{\mathrm{c,onset}} = 9{,}6\,\mathrm{K}$. Aber auch nach dieser langen Glühzeit ist der supraleitende Übergang bei $T_{\mathrm{c,onset}}$ nicht vollständig. Durch die vorhandenen Fremdphasen in der Schicht ist es wahrscheinlich, dass kein vollständiger supraleitender Pfad in der Schicht existiert, was den unvollständigen Phasenübergang erklärt. Andere Arbeiten zeigen einen ähnlichen Verlauf des elektrischen Widerstands [Tap08, Wan08]. Diese ebenfalls unvollständigen Phasenübergänge werden hier durch Risse in der Schicht, sowie Korngrenzenbeiträge erklärt. Die Veränderungen der Kurvenverläufe für die verschiedenen Glühzeiten kann durch die verbesserte $\mathrm{La(O_{1-x}F_x)FeAs}$ - Phasenbildung verstanden werden. Dennoch liegt der Wert für $T_{\mathrm{c,onset}}$ deutlich unter dem Wert für optimal dotierte Massivproben (Abb. 5.3). Trotz des hochdotierten Targets ($x = 0{,}25$) ist der Fluorgehalt der Schicht sehr niedrig. Durch Vergleich mit Werten von Massivproben (Abb. 5.4) und den resultierenden Gitterparametern der Röntgendaten kann der Fluorgehalt der $\mathrm{La(O_{1-x}F_x)FeAs}$ - Phase der 10 h geglühten Probe als $x \approx 0{,}1$ angenommen werden. Eine genaue Bestimmung der Fluorkonzentration sollte Bestandteil weiterer Arbeiten sein.

Die Ausbildung der $(00l)$ - Orientierung (Abb. 5.14) und das Verhalten im Magnetfeld (Abb. 5.17 (a)) sind eindeutige Hinweise darauf, dass der diskutierte Widerstandsabfall einem su-

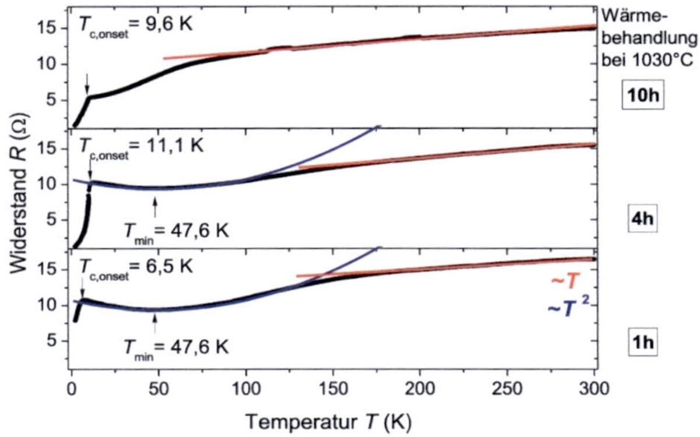


Abb. 5.16: Messungen des elektrischen Widerstands in Abhängigkeit der Temperatur für eine Dünnschicht nach mehreren Wärmebehandlungsschritten zeigen den Einfluss der Phasenbildung auf die supraleitenden Eigenschaften. Der supraleitende Übergang ist nicht vollständig, was durch die vorhandenen Fremdphasen erklärt werden kann.

praleitenden Phasenübergang zuzuschreiben ist. Aus der Auswertung des 90 %-Kriteriums der $R(T)$ - Messungen in $a, b$ - wie auch $c$ - Richtung kann ein erster Eindruck des Temperaturverlaufes des oberen kritischen Feldes gewonnen werden (Abb. 5.17 (b)). Man erhält Werte von 3 T bei 3,6 K für $\mu_0 H_{c2} \,||\, c$ und 6 T bei 6,4 K für $\mu_0 H_{c2} \,||\, ab$. Durch Extrapolation auf 6 K erhält man eine Anisotropiekonstante $\gamma$ von 7,8, die höher ist als publizierte Werte für Messungen an $NdFeAsO_{0,82}F_{0,12}$ Einkristallen [Jia08]. Für genauere Untersuchungen von $\mu_0 H_{c2}$ sind jedoch detaillierte Messungen in hohen Feldern notwendig.

Die Reproduzierbarkeit der Ergebnisse wird in Abb. 5.18 (a) deutlich. Zwei Proben, die in gleicher Weise hergestellt wurden, zeigen nach 1 h bzw. 4 h Glühzeit den gleichen Verlauf. Nach einer weiteren Glühung von 6 h sind die Kurvenverläufe immer noch vergleichbar. Allerdings ist der Widerstand der Probe 2 deutlich geringer als der von Probe 1. Die Ursache für diesen Unterschied ist wieder in der Phasenbildung begründet. Die Ausbildung der $(00l)$ - Orientierung ist in beiden Proben erkennbar (Abb. 5.18 (b)). Probe 2 zeigt trotz eines hohen Fremdphasenanteils eine deutlich bessere $(00l)$ - Textur. In Probe 1 bilden sich auch nach einer langen Glühdauer von 20 h nur kleine Anteile der FeAs - Phase. Allerdings ist der Oxidanteil in dieser Schicht deutlich höher. Dieser isolierende Teil könnte eine Erklärung für den höheren Widerstand im normalleitenden Bereich sein. Dieses Experiment verdeutlicht, wie kritisch die Wärmebehandlung für die Ausbildung einer texturierten $La(O_{1-x}F_x)FeAs$ - Phase ist. Trotz gleicher Abscheidebedingungen sind die resultierenden Proben hinsichtlich ihrer Phasenbil-

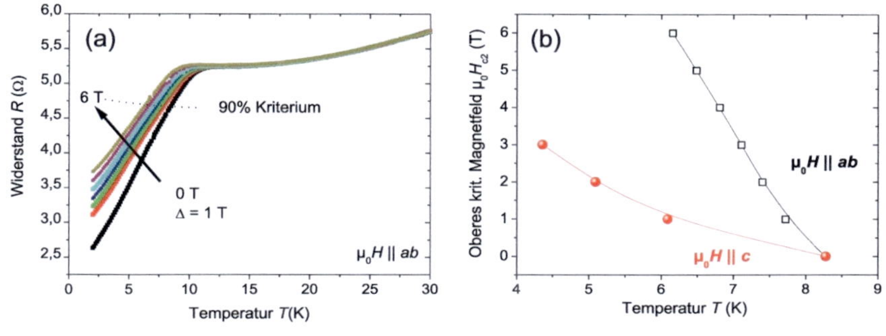


Abb. 5.17: (a) Magnetfeldabhängige $R(T)$ - Messungen zeigen die supraleitende Natur des Phasenübergangs. (b) Aus dem 90 %-Kriterium kann $\mu_0 H_{c2}$ für $\mu_0 H_{c2} \,||\, ab$ sowie $\mu_0 H_{c2} \,||\, c$ als Funktion der Temperatur bestimmt werden.

dung unterschiedlich. Für Transportmessungen ist es daher notwendig, Proben von hoher kristalliner Qualität herzustellen, die eine hohe Reproduzierbarkeit ihrer Eigenschaften aufweisen.

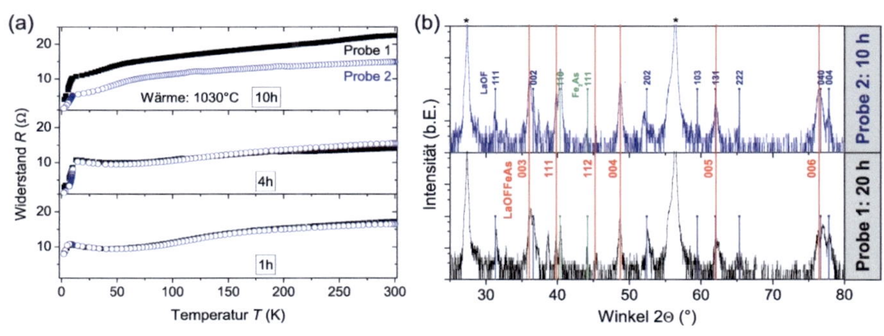


Abb. 5.18: Die Wärmebehandlung ist der kritische Parameter bei der Phasenbildung. Zwei gleich hergestellte Proben zeigen nach 1 h bzw. 4 h Glühung den gleichen $R(T)$ - Verlauf. Längere Glühzeiten (10 h bzw. 20 h) resultieren in einer ähnlichen, aber nicht gleichen Phasenbildung in der Dünnschicht.

Die Verwendung der Quasimultilagentechnik (siehe Kapitel 4.3), d. h. die alternierende Abscheidung eines $La(O_{1-x}F_x)FeAs$ - und eines zusätzlichen $MgF_2$ - Targets ist ein weiterer Ansatz um den Fluorgehalt in den Schichten zu erhöhen. Allerdings entsteht auch durch das zusätzliche Einbringen von Fluor keine vollständig supraleitende Schicht (Abb. 5.19 (a)). Der

Widerstand fällt bei $T_{c,onset}$ nicht vollständig auf Null, da sich auch hier eine Vielzahl von Fremdphasen bildet (Abb. 5.19 (b)), die den supraleitenden Stromtransport behindern. Dazu gehören FeAs sowie das sehr stabile Lanthanoxid und - oxifluorid.

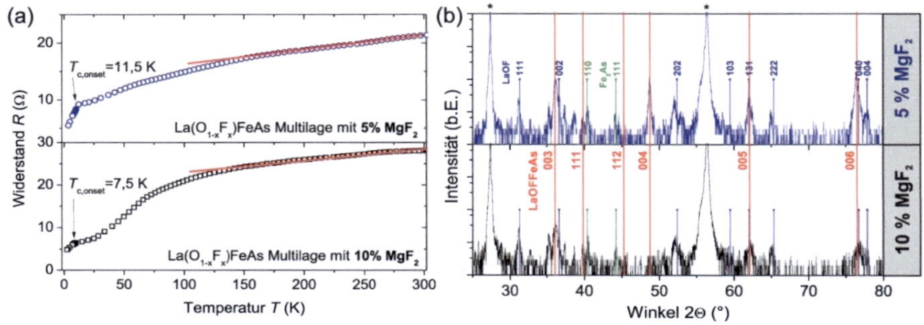


Abb. 5.19: (a) $R(T)$ - Messungen sowie (b) Phasenbildung in abgeschiedenen und wärmebehandelten La($O_{1-x}F_x$)FeAs / $MgF_2$ - Quasimultilagen zur zusätzlichen Erhöhung der Fluorgehalts. Es wird auch durch diese zusätzliche Fluordotierung kein vollständig supraleitender Phasenübergang erreicht.

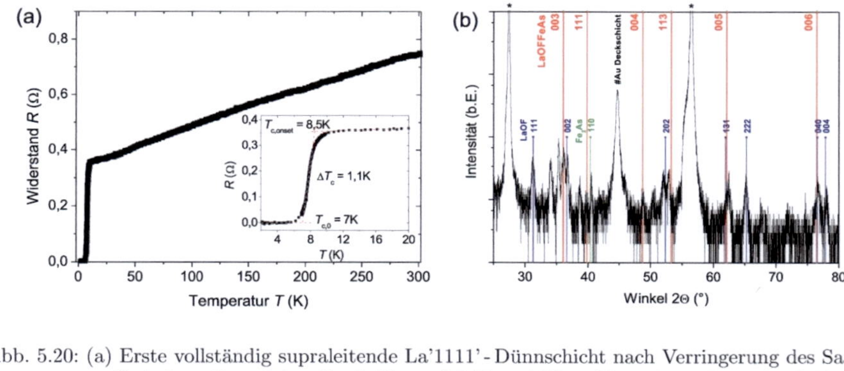


Abb. 5.20: (a) Erste vollständig supraleitende La'1111' - Dünnschicht nach Verringerung des Sauerstoffgehalts während der Abscheidung. (b) Die gebildete Phase ist nicht optimal. Fremdphasen sind auch hier vorhanden.

Die vorangegangenen Experimente machen deutlich, dass der ausreichende Fluoreinbau in die Schichten *nicht* der kritische Punkt der supraleitenden Phasenbildung ist. Durch die Verwendung des hochdotierten Targets und durch zusätzliche Dotierung mit $MgF_2$ konnte kein vollständiger supraleitender Übergang erreicht werden. Der Einbau von Sauerstoff und die

damit verbundene Bildung von isolierenden und sehr stabilen $La_2O_3$ und LaOF Fremdphasen in der Schicht ist die Hauptursache für den nur teilweisen Erfolg. Gelingt es den Sauerstoffgehalt während der Abscheidung weiter zu reduzieren, kann eine vollständig supraleitende Schicht hergestellt werden, wie Abb. 5.20 (a) zeigt. Hier beträgt das Restvakuum während der Abscheidung noch $10^{-7}$ mbar. Diese Veränderungen am Kammeraufbau wurden zusammen mit Martin Kidszun (IMW/IFW) durchgeführt. Für die Messung der supraleitenden Eigenschaften und um die Sauerstoffexposition der Dünnschicht so gering wie möglich zu halten, wurde eine Golddeckschicht aufgebracht. Der lineare Anstieg der Messkurve im normalleitenden Bereich wird durch diese Deckschicht verursacht. Dennoch ist der supraleitende Übergang vollständig mit einem Wert von $T_{\mathrm{c,onset}} = 8{,}5\,\mathrm{K}$. Die Übergangsbreite $\Delta T_{\mathrm{c}}$ ist mit einem Wert von 1,1 K sehr schmal. Die gebildete Phase zeigt keine Vorzugsorientierung. Die Bildung von Oxiden und Oxifluoriden kann auch durch verbesserte Abscheidebedingungen nicht vollständig unterbunden werden. Die Indizierung der Reflexe in Abb. 5.20 (b) wurde nur für die eindeutigen Phasen vorgenommen. In der Schicht existieren eine Vielzahl von anderen oxidischen und oxifluoridischen Verbindungen, die nicht bekannt sind.
Diese Schicht ist dennoch ein Durchbruch in der Herstellung supraleitender Oxipniktidschichten. Sie zeigt zum ersten Mal, dass es möglich ist, vollständig supraleitende '1111' - Schichten mit einem Zweistufenprozess herzustellen.

## 5.5 In - situ - Präparation der Oxipniktiddünnschichten

Nachdem in Abschnitt 5.3 die erfolgreiche Herstellung einer supraleitenden La'1111' - Dünnschicht mit einem Zweistufenprozess beschrieben wird, stellt sich die Frage, in wieweit eine *in - situ* - Phasenbildung möglich ist. Auch hier stellt sich allerdings das Problem des hohen Sauerstoffgehalts in der Vakuumkammer während der Deposition und des damit verbundenen Fremdphasenwachstums. Abbildung 5.21 zeigt die Ergebnisse der Phasenbildung für Dünnschichten, die bei verschiedenen Temperaturen hergestellt wurden. Es wird deutlich, dass nur Oxifluoride und andere Oxide gebildet werden, die im Fall der heißen Abscheidung die $La(O_{1-x}F_x)FeAs$ - Phasenbildung vollständig verhindern. Für eine erfolgreiche *in - situ* - Herstellung ist es daher sinnvoll, eine UHV - Kammer zu verwenden und die Sauerstoffexposition so gering wie möglich zu halten. Im Rahmen dieser Dissertation waren die ersten Versuche einer *in - situ* - Präparation in der verwendeten Vakuumanlage nicht erfolgreich.

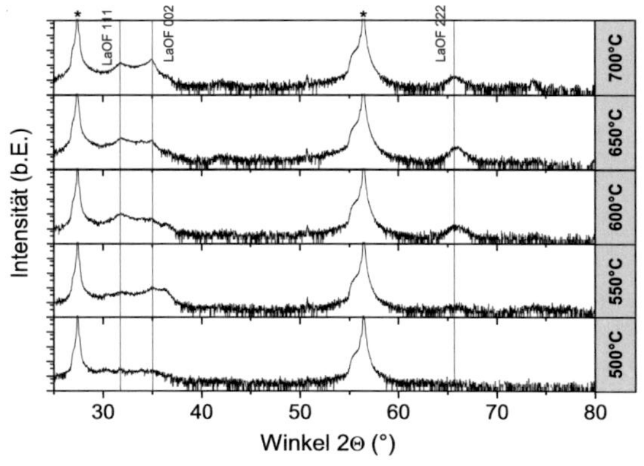


Abb. 5.21: Ergebnisse der ersten *in-situ*-Präparation von $La(O_{1-x}F_x)FeAs$-Schichten. Es bilden sich nur die stabilen Oxide und Oxifluoride, die eine $La(O_{1-x}F_x)FeAs$-Phasenbildung verhindern.

## 5.6 $La(O_{1-x}F_x)FeAs$-Dünnschichten – ein Fazit

Die erfolgreiche Herstellung supraleitender $La(O_{1-x}F_x)FeAs$-Dünnschichten in einem Zweistufenprozess ist in dieser Dissertation gelungen. Allerdings war dieser Prozess kein trivialer. Unter dem Motto dieses Kapitels „Man muss das Eisen schmieden, solange es heiß ist." wurde dieses Ergebnis in kurzer Zeit erreicht und veröffentlicht. Sicherlich entbehren die präsentierten Ergebnisse jeglicher Vollständigkeit, was der rasanten Entwicklung auf diesem Gebiet geschuldet ist und auch beabsichtigt war. Ausführliche Studien und Experimente zu vielen offenen Fragen sind ohne Zweifel notwendig und wichtig. Diese Arbeit macht einen Anfang mit der Herstellung der ersten vollständig supraleitenden Dünnschicht.
Das vorgestellte La'1111'-System birgt viele Schwierigkeiten für die Herstellung dünner Schichten. Das erkennt man deutlich in der geringen Zahl der Veröffentlichungen zu dünnen Schichten in dieser Materialfamilie. Selbst fluordotierte La'1111'-Schichten zeigten keine supraleitenden Eigenschaften [Hir08a]. Es gilt den Einbau des Fluor zu begünstigen und den Anteil von Fremdphasen zu verhindern bzw. gering zu halten. Diese Dissertation zeigt wie beides erreicht wurde:

- Verwendung eines hochdotierten Targets sowie Abscheidung bei möglichst gutem Restvakuum, um den Verlust von Fluor bei der Abscheidung zu kompensieren und eine ausreichende Dotierung der $La(O_{1-x}F_x)FeAs$-Phase zu erreichen.

- Der Sauerstoffgehalt bei der Abscheidung muss so gering wie möglich gehalten werden, um die Bildung von stabilem LaOF sowie $La_2O_3$ zu verhindern.
- Die Wärmebehandlung muss in einem geschlossenen, wohl definierten und reproduzierbaren System stattfinden, da sie den größten Einfluss auf die Phasenbildung hat.
- Für das *in - situ* - Wachstum der $La(O_{1-x}F_x)FeAs$ - Dünnschichten wird eine Abscheidung im UHV vorgeschlagen.

Die folgenden Veröffentlichungen zur Herstellung und Charakterisierung dieser dünnen Schichten und anderer Schichten der '1111' - Materialfamilie zeigen, dass der Zweistufenprozess erfolgreich weiterentwickelt wurde [Kid10b, Kid10a, Hai10, Kid11]. Polykristalline Dünnschichten mit $T_{c,90} = 28$ K [Hai10] sowie die ersten epitaktischen $La(O_{1-x}F_x)FeAs$ - Dünnschichten mit einem $T_{c,90} = 25$ K [Kid10a] wurden auf diese Weise hergestellt und charakterisiert. Erste Gd'1111' - Schichten wurden ebenfalls erfolgreich [Kid10b] abgeschieden. Diese Dissertation bildet den Grundstein für die vielversprechende Zukunft der Herstellung und Entwicklung der Oxipniktiddünnschichten.

# 6 Zusammenfassung und Ausblick

Zwei Ansätze werden in der modernen Supraleiterforschung verfolgt: zum einen die stetige Verbesserung bekannter Materialien in Hinblick auf ihre technische Anwendung, zum anderen die gezielte Suche nach neuen Supraleitern mit hohen Sprungtemperaturen. Diese Dissertation beschäftigt sich mit beiden Aspekten. Die Verbesserung der Stromtragfähigkeit im Magnetfeld steht für den Hochtemperatursupraleiter YBCO im Mittelpunkt des ersten Teils dieser Arbeit. Die weltweit erste Herstellung dünner Schichten des 2008 gefundenen Oxipniktids $La(O_{1-x}F_x)FeAs$ wird im zweiten Teil präsentiert.

Beide Materialien werden mit gepulster Laserabscheidung hergestellt, die Phasenbildung und die supraleitenden Eigenschaften mit verschiedenen Methoden analysiert und anschließend diskutiert.

Die Herstellung kupratbasierter Quasimultilagen mittels Off - axis - PLD ist ein gutes Modellsystem zum Studium nanoskaliger Fremdphasen und deren Einfluss auf das Pinningverhalten der Dünnschichten. Durch das defektarme Wachstum der Off - axis - Schichten werden die natürlichen Defekte in der Schicht minimiert und Veränderungen der supraleitenden Eigenschaften können auf künstlich eingebrachte Pinningzentren zurückgeführt werden. Die Nutzung der Quasimultilagentechnik erlaubt die variable Einstellung der Dotierkonzentration in den Schichten.

Zwei verschiedene Fremdphasen werden in dieser Arbeit als Pinningzentren in YBCO untersucht: (i) metallisches Hafnium, das während der Abscheidung zu perowskitischem $BaHfO_3$ reagiert und in On - axis - Quasimultilagen gute Pinningverbesserungen zeigt und (ii) $Y_2Ba_4CuMO_y$ ($M = Zr, Nb$), ein Doppelperowskit, dessen positive Auswirkung auf die supraleitenden Eigenschaften in Massivproben der Ausgangspunkt für die Nutzung dieser Phase in dünnen Schichten ist.

Die hafniumdotierten Off - axis - Dünnschichten zeigen die Ausbildung des perowskitischen $BaHfO_3$ während der Abscheidung. Die Defekte verursachen eine Reduzierung der kritischen Temperatur $T_c$ sowie des $j_{c,Eigenfeld}$. In hohen Magnetfeldern wird dagegen die Magnetfeldabhängigkeit der kritischen Stromdichte deutlich verbessert. Erwartungsgemäß sind die $j_c$ - Werte der On - axis - Quasimultilagen höher als die der Proben, die in der Off - axis - Geometrie hergestellt werden. Die Anisotropie - sowie die $\mu_0 H_{irr}$ - Daten der Schichten weisen auf die Ausbildung von $c$ - Achsen - korrelierten Defekten hin. TEM - Untersuchungen bestätigen diese Beobachtung. Die Abscheidung von $BaHfO_3$ / YBCO - Quasimultilagen auf technisch nutzbare Metallsubstrate ist möglich. Die supraleitenden Eigenschaften werden in hohen Magnetfeldern und tiefen Temperaturen leicht erhöht. Eine Optimierung der Abscheidebedingungen der Quasimultilagen auf diesen Metallbändern ist für ihre weitere Nutzung notwendig.

Obwohl das Doppelperowskit $M$2411 in Massivproben chemisch stabil ist, zeigt diese Dissertation, dass die Situation in der Dünnschichtherstellung anders ist. Bei der Herstellung der Quasimultilagen reagiert das Doppelperowskit zu yttriumdotiertem $Ba(M_{1-x}Y_x)O_3$ ($M = Zr$ , Nb) und baut sich biaxial texturiert in die YBCO - Matrix ein. Auch die supraleitenden Eigenschaften der Off - axis - Quasimultilagen unterstützen diese Behauptung. Da sich die Sprungtemperatur mit der Dotierkonzentration verringert und diese Schichten bei hohen Anteilen der Fremdphase zweiphasiges Verhalten zeigen, ist in den Dünnschichten die chemische Stabilität der Phase nicht gegeben. Nichtsdestotrotz verbessert das eingebrachte $Ba(M_{1-x}Y_x)O_3$ ($M = Zr$ , Nb) die supraleitenden Eigenschaften der Dünnschichten in hohen Magnetfeldern. $\mu_0 H_{irr}$ - und Anisotropiemessungen zeigen die Ausbildung von Defekten, die sich entlang der $c$ - Achse des YBCO ausrichten. TEM - Querschnittsaufnahmen der Probe unterstützen diese Aussage.

Die erfolgreiche Herstellung der weltweit ersten vollständig supraleitenden $La(O_{1-x}F_x)FeAs$ - Dünnschicht in einem Zweistufenprozess ist in dieser Dissertation gelungen. Für die Ausbildung der supraleitenden Phase ist es notwendig, verschiedene Faktoren zu beachten. Die Verwendung von hochdotierten Fluortargets sowie die Abscheidung bei möglichst gutem Restvakuum haben sich in dieser Arbeit als sehr wichtig herausgestellt. Ist das Restvakuum zu schlecht, so bilden sich hauptsächlich die stabilen Oxide und Oxifluoride des Lanthan. Die Wärmebehandlung muss in einem geschlossenen und wohl definierten System stattfinden, da sie den größten Einfluss auf die richtige Phasenbildung hat. Für ein *in - situ* - Wachstum der $La(O_{1-x}F_x)FeAs$ - Dünnschichten wird die Abscheidung im UHV vorgeschlagen.

Die auf dieser Arbeit aufbauenden Veröffentlichungen zur Herstellung und Charakterisierung dünner $La(O_{1-x}F_x)FeAs$ - und anderer Schichten der '1111' - Materialfamilie zeigen, dass der Zweistufenprozess erfolgreich weiterentwickelt wurde [Kid10b,Kid10a,Hai10,Kid11]. Polykristalline Dünnschichten mit $T_{c,90} = 28\,K$ [Hai10] sowie die ersten epitaktischen $La(O_{1-x}F_x)FeAs$ - Dünnschichten mit einem $T_{c,90} = 25\,K$ [Kid10a] wurden auf diese Weise hergestellt und charakterisiert. Erste Gd'1111' - und Sm'1111' - Schichten wurden ebenfalls erfolgreich [Kid10b] abgeschieden. Diese Dissertation bildet den Grundstein für die vielversprechende Zukunft der Herstellung und Entwicklung von Oxipniktiddünnschichten.

# Literaturverzeichnis


[Abr57] A.A. Abrikosov. On the magnetic properties of superconductors of the second group. *Soviet Physics JETP* **5**, 1174–1182 (1957)

[AK09] M.M. Awang Kechik, P. Mikheenko, A. Sarkar, V.S. Dang, N. Hari Babu, D.A. Cardwell, J.S. Abell und A. Crisan. Artificial pinning centres in $YBa_2Cu_3O_{7-\delta}$ thin films by $Gd_2Ba_4CuWO_y$ nanophase inclusions. *Superconductor Science and Technology* **22**, 034020–1–034020–5 (2009)

[Ayt06] T. Aytug, M. Paranthaman, K.J. Leonard, S. Kang, P.M. Martin, L. Heatherly, A. Goyal, A.O. Ijaduola, J.R. Thompson und D.K. Christen. Analysis of flux pinning in $YBa_2Cu_3O_{7-\delta}$ films by nanoparticle-modified substrate surfaces. *Physical Review B* **74**, 184505–1–184505–8 (2006)

[Bar57] J. Bardeen, L.N. Cooper und J.R. Schrieffer. Theory of superconductivity. *Physical Review* **108**, 1175–1204 (1957)

[Bed86] J.G. Bednorz und K.A. Müller. Possible high $T_c$ superconductivity in the Ba-La-Cu-O system. *Zeitschrift für Physik B Condensed Matter* **64**, 189–193 (1986)

[Bla92] G. Blatter, V.B. Geshkenbein und A.I. Larkin. From Isotropic to Anisotropic Superconductors: A Scaling Approach. *Physical Review Letters* **68**, 875–878 (1992)

[Bla94] G. Blatter, M.V. Feigel'man, V. Geshkenbein, A.I. Larkin und V.M. Vinokur. Vortices in high-temperature superconductors. *Reviews of Modern Physics* **66**, 1125–1388 (1994)

[Bre95] V. Breit, P. Schweiss, R. Hauff, H. Wühl, H. Claus, H. Rietschel, A. Erb und G. Müller-Vogt. Evidence for chain superconductivity in near-stoichiometric $YBa_2Cu_3O_x$ single crystals. *Physical Review B* **52**, R15727–R15730 (1995)

[Buc04] W. Buckel und R. Kleiner. *Supraleitung.* Wiley-VCH (2004)

[Cai05] C. Cai, J. Hänisch, R. Hühne, V. Stehr, C. Mickel, T. Gemming und B. Holzapfel. Structural and magnetotransport properties of $YBa_2Cu_3O_{7-\delta}$ / $Y_2O_3$ quasimultilayers. *Journal of Applied Physics* **98**, 123906–1–123906–6 (2005)

[Cav94a] R. Cava, H. Takagi, B. Batlogg, H. Zandbergen, J. Krajewski, W. Peck, R. Vandover, R. Felder, T. Siegrist, K. Mizuhashi, J. Lee, H. Eisaki, S. Carter und S. Uchida. Superconductivity at 23 K in Yttrium Palladium Boride Carbide. *Nature* **367**, 146–148 (1994)

[Cav94b] R. Cava, H. Takagi, H. Zandbergen, J. Krajewski, W. Peck, T. Siegrist, B. Batlogg, R. Vandover, R. Felder, K. Mizuhashi, J. Lee, H. Eisaki und S. Uchida. Superconductivity in the Quaternary Intermetallic Compounds $LnNi_2B_2C$. *Nature* **367**, 252–253 (1994)

[Che08a] X.H. Chen, T. Wu, G. Wu, R.H. Liu, H. Chen und D.F. Fang. Superconductivity at 43 K in $SmFeAsO_{1-x}F_x$. *Nature* **453**, 761–762 (2008)

[Che08b] P. Cheng, L. Fang, H. Yang, X.Y. Zhu, G. Mu, H.Q. Luo, Z.S. Wang und H.H. Wen. Superconductivity at 36 K in gadolinium-arsenide oxides $GdO_{1-x}F_xFeAs$. *SCIENCE CHINA Physics, Mechanics & Astronomy* **51**, 719–722 (2008)

[Civ04a] L. Civale, B. Maiorov, A. Serquis, S.R. Foltyn, Q.X. Jia, P.N. Arendt, H. Wang, J.O. Willis, J.Y. Coulter, T.G. Holesinger, J.L. MacManus-Driscoll, M.W. Rupich, W. Zhang und X. Li. Influence of crystalline texture on vortex pinning near the *ab*-plane in $YBa_2Cu_3O_7$ thin films and coated conductors. *Physica C* **412-414**, 976–982 (2004)

[Civ04b] L. Civale, B. Maiorov, A. Serquis, J.O. Willis, J.Y. Coulter, H. Wang, Q.X. Jia, P.N. Arendt, M. Jaime, J.L. MacManus-Driscoll, M.P. Maley und S.R. Foltyn. Understanding high critical currents in $YBa_2Cu_3O_7$ thin films and coated conductors. *Journal of Low Temperature Physics* **135**, 87–98 (2004)

[Civ04c] L. Civale, B. Maiorov, A. Serquis, J.O. Willis, J.Y. Coulter, H. Wang, Q.X. Jia, P.N. Arendt, J.L. MacManus-Driscoll, M.P. Maley und S.R. Foltyn. Angular-dependent vortex pinning mechanisms in $YBa_2Cu_3O_{7-d}$ coated conductors and thin films. *Applied Physics Letters* **84**, 2121–2123 (2004)

[Dam99] B. Dam, J.M. Huijbregtse, F.C. Klaassen, R.C.F. van der Geest, G. Doornbos, J.H. Rector, A.M. Testa, S. Freisem, J.C. Martinezk, B. Stäuble-Pümpin und R. Griessen. Origin of high critical currents in $YBa_2Cu_3O_{7-\delta}$ superconducting thin films. *Nature* **399**, 439–442 (1999)

[dlC08] C. de la Cruz, Q. Huang, J.W. Lynn, J. Li, W. Ratcliff, J.L. Zarestky, H.A. Mook, G.F. Chen, J.L. Luo, N.L. Wang und P.C. Dai. Magnetic order close to superconductivity in the iron-based layered $LaO_{1-x}F_xFeAs$ systems. *Nature* **453**, 899–902 (2008)

[Eas07] R. Eason (Ed.). *Pulsed laser deposition of thin films: applications-led growth of functional materials.* John Wiley & Sons, Inc. (2007)

[Eng07] S. Engel, T. Thersleff, R. Hühne, L. Schultz und B. Holzapfel. Enhanced flux pinning in $YBa_2Cu_3O_7$ layers by the formation of nanosized $BaHfO_3$ precipitates using the chemical deposition method. *Applied Physics Letters* **90**, 102505–1–102505–3 (2007)

[Eng09] S. Engel. *Chemisch deponierte Schichtsysteme zur Realisierung von $YBa_2Cu_3O_{7-x}$-Bandleitern.* Dissertation, Technische Universität Dresden (2009)

[Erc10] G. Ercolano, S.A. Harrington, H. Wang, C.F. Tsai und J.L. MacManus-Driscoll. Enhanced flux pinning in $YBa_2Cu_3O_{7-\delta}$ thin films using Nb-based double perovskite additions. *Superconductor Science and Technology* **23**, 022003–1–022003–6 (2010)

[Fan09] L. Fang, P. Cheng, Y. Jia, X. Zhu, H.Q. Luo, G. Mu, G.Z. Gu und H.H. Wen. Growth of $NdFeAsO_{1-x}F_x$ single crystals at ambient pressure and their transport properties. *Journal of Crystal Growth* **311**, 358–361 (2009)

[Far90] D.E. Farrell, J.P. Rice, D.M. Ginsberg und J.Z. Liu. Experimental Evidence of a Dimensional Crossover in $YBa_2Cu_3O_{7-\delta}$. *Physical Review Letters* **64**, 1573–1576 (1990)

[Fel07] D.M. Feldmann, O. Ugurlu, B. Maiorov, L. Stan, T.G. Holesinger, L. Civale, S.R. Foltyn und Q.X. Jia. Influence of growth temperature on critical current and magnetic flux pinning structures in $YBa_2Cu_3O_{7-x}$. *Applied Physics Letters* **91**, 162501–1–162501–3 (2007)

[Fel10] D.M. Feldmann, T.G. Holesinger, B. Maiorov, S.R. Foltyn, J.Y. Coulter und I. Apodaca. Improved flux pinning in $YBa_2Cu_3O_7$ with nanorods of the double perovskite $Ba_2YNbO_6$. *Superconductor Science and Technology* **23**, 095004–1–095004–6 (2010)

[FGR03] L.I. Fernández Gómez-Recuero. *Grain boundary networks in RABiTS based $YBa_2Cu_3O_{7-\delta}$ coated conductors.* Dissertation, Technische Universität Dresden (2003)

[Fig06] J. Figueras, T. Puig, X. Obradors, W.K. Kwok, L. Paulius, G.W. Crabtree und G. Deutscher. The loss of vortex line tension sets an upper limit to the irreversibility line in $YBa_2Cu_3O_7$. *Nature physics* **2**, 402–407 (2006)

[Fol07] S.R. Foltyn, L. Civale, J.L. MacManus-Driscoll, Q.X. Jia, B. Maiorov, H. Wang und M. Maley. Materials science challenges for high-temperature superconducting wire. *Nature materials* **6**, 631–642 (2007)

[Gap05] A.A. Gapud, D. Kumar, S.K. Viswanathan, C. Cantoni, M. Varela, J. Abiade, S.J. Pennycook und D.K. Christen. Enhancement of flux pinning in $YBa_2Cu_3O_{7-\delta}$ thin films embedded with epitaxially grown $Y_2O_3$ nanostructures using a multi-layering process. *Superconductor Science and Technology* **18**, 1502–1505 (2005)

[Gut07] J. Gutiérrez, A. Llordés, J. Gázquez, M. Gibert, N. Romà, S. Ricart, A. Pomar, F. Sandiumenge, N. Mestres, T. Puig und X. Obradors. Strong isotropic flux pinning in solution-derived $YBa_2Cu_3O_{7-x}$ nanocomposite superconductor films. *Nature materials* **6**, 367–373 (2007)

[Hai10] S. Haindl, M. Kidszun, A. Kauffmann, K. Nenkov, N. Kozlova, J. Freudenberger, T. Thersleff, J. Hänisch, J. Werner, E. Reich, L. Schultz und B. Holzapfel. $LaFeAsO_{1-x}F_x$ thin films: high upper critical fields and evidence of weak link behavior. *Physical Review Letters* **104**, 077001–1–077001–4 (2010)

[Has69] G. Hass und J.B. Ramsey. Vacuum Deposition of Dielectric and Semiconductor Films by a $CO_2$ Laser. *Applied Optics* **8**, 1115–1118 (1969)

[Hau04] T. Haugan, R. Barnes, P.N. Wheeler, F. Meisenkothen und M. Sumption. Addition of nanoparticle dispersions to enhance flux pinning of the $YBa_2Cu_3O_{7-x}$ superconductor. *Nature* **430**, 867–870 (2004)

[HB03] N. Hari Babu, E.S. Reddy, D.A. Cardwell, A.M. Campbell, C.D. Tarrant und Schneider K.R. Artificial flux pinning centers in large, single-grain (RE)-Ba-Cu-O superconductors. *Applied Physics Letters* **83**, 4806–4808 (2003)

[HB06] N. Hari Babu, K. Iida, Y. Shi, T.D. Withnell und D.A. Cardwell. $YBa_2Cu_3O_{7-\delta}$ / $Y_2Ba_4CuMO_y$ single grain nanocomposite superconductors with high critical current densities. *Superconductor Science and Technology* **19**, S461–S465 (2006)

[Hes09] C. Hess, A. Kondrat, A. Narduzzo, J. E. Hamann-Borrero, R. Klingeler, J. Werner, G. Behr und B. Büchner. The intrinsic electronic phase diagram of iron-pnictide superconductors. *Europhysics Letters* **87**, 17005–17012 (2009)

[Hir08a] H. Hiramatsu, T. Katase, T. Kamiya, M. Hirano und H. Hosono. Heteroepitaxial growth and optoelectronic properties of layered iron oxyarsenide, LaFeAsO. *Applied Physics Letters* **93**, 162504–1–162504–3 (2008)

[Hir08b] H. Hiramatsu, T. Katase, T. Kamiya, M. Hirano und H. Hosono. Superconductivity in Epitaxial Thin Films of Co-Doped $SrFe_2As_2$ with Bilayered FeAs Structures and their Magnetic Anisotropy. *Applied Physics Express* **1**, 101702–1–101702–3 (2008)

[Hän05a] J. Hänisch. *Strombegrenzende Mechanismen in $YBa_2Cu_3O_{7-\delta}$ - Dünnschichten und - Quasimultilagen.* Dissertation, Technische Universität Dresden (2005)

[Hän05b] J. Hänisch, C. Cai, R. Hühne, L. Schultz und B. Holzapfel. Formation of nanosized $BaIrO_3$ precipitates and their contribution to flux pinning in Ir-doped $YBa_2Cu_3O_7-\delta$ quasi-multilayers. *Applied Physics Letters* **86**, 122508–1–122508–3 (2005)

[Hän06] J. Hänisch, C. Cai, V. Stehr, R. Hühne, J. Lyubina, K. Nenkov, G. Fuchs, L. Schultz und B. Holzapfel. Formation and pinning properties of growth-controlled nanoscale precipitates in $YBa_2Cu_3O_{7-\delta}$/transition metal quasi-multilayers. *Superconductor Science and Technology* **19**, 534–540 (2006)

[Hol92] B. Holzapfel, B. Roas, L. Schultz, P. Bauer und G. Saemann-Ischenko. Off-axis laser deposition of $YBa_2Cu_3O_{7-\delta}$ thin films. *Applied Physics Letters* **61**, 3178–3180 (1992)

[Hol00] T.G. Holesinger, S.R. Foltyn, P.N. Arendt, H. Kung, Q.X. Jia, R.M. Dickerson, P.C. Dowden, R.F. DePaula, J.R. Groves und J.Y. Coulter. The microstructure of continuously processed $YBa_2Cu_3O_y$ coated conductors with underlying $CeO_2$ and ion-beam-assisted yttria-stabilized zirconia buffer layers. *Journal of Materials Research* **15**, 1110–1119 (2000)

[Hor07] I. Horcas, R. Fernández, J.M. Gómez-Rodrîguez, J. Colchero, J. Gómez-Herrero und A.M. Baro. WSXM: A software for scanning probe microscopy and a tool for nanotechnology. *Review of Scientific Instruments* **78**, 013705–1–013705–8 (2007)

[Hor08] T. Horide, K. Matsumoto, P. Mele, A. Ichinose, R. Kita, M. Mukaida, Yoshide und S. Horii. The crossover from the vortex glass to the Bose glass in nanostructured $YBa_2Cu_3O_{7-x}$ films. *Applied Physics Letters* **92**, 182511–1–182511–3 (2008)

[Hor09] T. Horide, K. Matsumoto, P. Mele, Y. Yoshida, A. Ichinose, R. Kita, S. Horii und M. Mukaida. Control of the glass-liquid transition temperature in $YBa_2Cu_3O_{7-x}$ films. *Physical Review B* **79**, 092504–1–092504–4 (2009)

[Hsu08] F.C. Hsu, J.Y. Luo, K.W. Yeh, T.K. Chen, T.W. Huang, P.M. Wu, Y.C. Lee, Y.L. Huang, Y.Y. Chu, D.C. Yan und M.K. Wu. Superconductivity in the PbO-type structure $\alpha$-FeSe. *Proceedings of the National Academy of Science Early Edition* **105**, 14262–14264 (2008)

[Huh09] H. Huhtinen, K. Schlesier und P. Paturi. Growth and $c$-axis flux pinning of nanostructured YBCO/BZO multilayers. *Superconductor Science and Technology* **22**, 075019–1–075019–8 (2009)

[Hun08] F. Hunte, J. Jaroszynski, A. Gurevich, D.C. Larbalestier, R. Jin, A.S. Sefat, M.A. McGuire, B.C. Sales, D.K. Christen und D. Mandrus. Two-band superconductivity in $LaFeAsO_{0.89}F_{0.11}$ at very high magnetic fields. *Nature* **453**, 903–905 (2008)

[Ina88] A. Inam, M. S. Hegde, X. D. Wu, T. Venkatesan, P. England, P. F. Miceli, E. W. Chase, C. C. Chang, J. M. Tarascon und J. B. Wachtman. As-deposited high $T_c$ and $J_c$ superconducting thin films made at low temperatures. *Applied Physics Letters* **53**, 908–910 (1988)

[Jia08] Y. Jia, P. Cheng, L. Fang, H. Yang, C. Ren, L. Shan, C.Z. Gu und H.H. Wen. Angular dependence of resistivity in the superconducting state of $NdFeAsO_{0.82}F_{0.18}$ single crystals. *Superconductor Science and Technology* **21**, 105018–1–105018–4 (2008)

[Joh74] V. Johnson und W. Jeitschko. ZrCuSiAs : A 'Filled' PbFCl Type. *Journal of Solid State Chemistry* **11**, 161–166 (1974)

[Joh08] D. Johrendt und R. Pöttgen. Pnictide Oxides: A New Class of High-$T_c$ Superconductors. *Angewandte Chemie Int. Ed.* **47**, 4782–4784 (2008)

[Jor87] J.D. Jorgensen, M.A. Beno, D.G. Hinks, L. Soderholm, K.J. Volin, R.L. Hitterman, J.D. Grace, I.K. Schuller, C.U. Segre, K. Zhang und M.S. Kleefisch. Oxygen ordering and the orthorhombic-to-tetragonal phase transition in $YBa_2Cu_3O_{7-x}$. *Physical Review B* **36**, 3608–3616 (1987)

[Kam06] Y. Kamihara, H. Hiramatsu, M. Hirano, R. Kawamura, H. Yanagi, T. Kamiya und H. Hosono. Iron-Based Layered Superconductor: LaOFeP. *Journal of the American Chemical Society* **128**, 10012–10013 (2006)

[Kam08] Y. Kamihara, T. Watanabe, M. Hirano und H. Hosono. Iron-Based Layered Superconductor $La[O_{1-x}F_x]FeAs$ ($x = 0.05$ - $0.12$) with $T_c = 26$ K. *Journal of the American Chemical Society* **130**, 3296–3297 (2008)

[Kar09] J. Karpinski, N.D. Zhigadlo, S. Katrych, Z. Bukowski, P. Moll, S. Weyeneth, H. Keller, R. Puzniak, M. Tortello, D. Daghero, R. Gonnelli, I. Maggio-Aprile, Y. Fasano, O. Fischer, K. Rogacki und B. Batlogg. Single crystals of $LnFeAsO_{1-x}F_x$ (Ln = La, Pr, Nd, Sm, Gd) and $Ba_{1-x}Rb_xFe_2As_2$: Growth, structure and superconducting properties. *Physica C* **469**, 370–380 (2009)

[KE96] L. Krusin-Elbaum, L. Civale, J.R. Thompson und C. Feild. Accommodation of vortices to columnar defects: Evidence for large entropic reduction of vortex localization. *Physical Review B* **53**, 11744–11750 (1996)

[Kid10a] M. Kidszun, S. Haindl, E. Reich, J. Hänisch, K. Iida, L. Schultz und B. Holzapfel. Epitaxial $LaFeAsO_{1-x}F_x$ thin films grown by pulsed laser deposition. *Superconductor Science and Technology* **23**, 022002–1–022002–4 (2010)

[Kid10b] M. Kidszun, S. Haindl, T. Thersleff, J. Werner, M. Langer, J. Hänisch, K. Iida, E. Reich, L. Schultz und B. Holzapfel. Fabrication of superconducting oxypnictide thin films. *Europhysics Letters* **90**, 57005–p1–57005–p4 (2010)

[Kid11] M. Kidszun, S. Haindl, T. Thersleff, J. Hänisch, A. Kauffmann, K. Iida, J. Freudenberger, L. Schultz und B. Holzapfel. Critical Current Scaling and Anisotropy in Oxypnictide Superconductors. *Physical Review Letters* **106**, 137001–1–137001–4 (2011)

[Kie09] A. Kießling. Einfluss der Depositionstemperatur auf die supraleitenden Eigenschaften von $YBa_2Cu_3O_{7-\delta}$ / $BaZrO_3$ - Quasimultilagen. Diplomarbeit, Technische Universität Dresden (2009)

[Kie11] A. Kiessling, J. Hänisch, T. Thersleff, E. Reich, M. Weigand, R. Hühne, M. Sparing, B. Holzapfel, J. Durrell und L. Schultz. Nanocolumns in $YBa_2Cu_3O_{7-x}/BaZrO_3$ quasi-multilayers: formation and influence on superconducting properties. *Superconductor Science and Technology* **24**, 055018–p1–055018–p6 (2011)

[Kno06] K. Knoth. *Chemisch abgeschiedene Lanthanzirkonatpufferschichten auf technischen Substraten zur Realisierung von Yttriumbariumkupferoxidbandleitern.* Dissertation, Technische Universität Dresden (2006)

[Koc89] R.H. Koch, V. Foglietti, W.J. Gallagher, G. Koren, A. Gupta und M.P.A. Fisher. Experimental Evidence for Vortex-Glass Superconductivity in Y-Ba-Cu-O. *Physical Review Letters* **63**, 1511–1514 (1989)

[Kon09] A. Kondrat, J.E. Hamann-Borrero, N. Leps, M. Kosmala, O. Schumann, A. Köhler, J. Werner, G. Behr, M. Braden, R. Klingeler, B. Büchner und C. Hess. Synthesis and physical properties of $LaO_{1-x}F_xFeAs$. *The European Physical Journal B* **70**, 461–468 (2009)

[Kra73] E.J. Kramer. Scaling laws for flux pinning in hard superconductors. *Journal of Applied Physics* **44**, 1360–1370 (1973)

[Kun61] J.E. Kunzler, E. Buehler, F.S.L. Hsu und J.H. Wernick. Superconductivity in $Nb_3Sn$ at High Current Density in a Magnetic Field of 88 kgauss. *Physical Review Letters* **6**, 89–91 (1961)

[KV06] A. Koblischka-Veneva, M.R. Koblischka, N. Hari Babu, D.A. Cardwell, L. Shlyk und G. Krabbes. An electron backscatter diffraction investigation of crystallographic orientations of embedded nanoparticles within melt-textured YBCO high temperature superconductors. *Superconductor Science and Technology* **19**, S562–S566 (2006)

[Lon08] N.J. Long. Model for the angular dependence of critical currents in technical superconductors. *Superconductor Science and Technology* **21**, 025007–1–025007–8 (2008)

[Mai09] B. Maiorov, S.A. Baily, H. Zhou, O. Ugurlu, J.A. Kennison, P.C. Dowden, T.G. Holesinger, S.R. Foltyn und L. Civale. Synergetic combination of different types of defect to optimize pinning landscape using $BaZrO_3$ - doped $YBa_2Cu_3O_7$. *Nature materials* **8**, 398–404 (2009)

[Mat07] T. Matsushita. *Flux Pinning in Superconductors.* Springer (2007)

[MD04] J.L. MacManus-Driscoll, S.R. Foltyn, Q.X. Jia, H. Wang, A. Serquis, L. Civale, B. Maiorov, M.E. Hawley, M.P. Maley und D.E. Peterson. Strongly enhanced current densities in superconducting coated conductors of $YBa_2Cu_3O_{7-x} + BaZrO_3$. *Nature materials* **3**, 439–443 (2004)

[Mel06] P. Mele, K. Matsumoto, T. Horide, O. Miura, A. Ichinose, M. Mukaida, Y. Yoshida und S. Horii. Tuning of the critical current in $YBa_2Cu_3O_{7-x}$ thin films by controlling the size and density of $Y_2O_3$ nanoislands on annealed $SrTiO_3$ substrates. *Superconductor Science and Technology* **19**, 44–50 (2006)

[Mel07] P. Mele, K. Matsumoto, T. Horide, A. Ichinose, M. Mukaida, Y. Yoshida und S. Horii. Enhanced high-field performance in PLD films fabricated by ablation of YSZ-added $YBa_2Cu_3O_{7-x}$ target. *Superconductor Science and Technology* **20**, 244–250 (2007)

[Mel08] P. Mele, K. Matsumoto, T. Horide, A. Ichinose, M. Mukaida, Y. Yoshida, S. Horii und R. Kita. Ultra-high flux pinning properties of $BaMO_3$-doped $YBa_2Cu_3O_{7-x}$ thin films (M = Zr,Sn). *Superconductor Science and Technology* **21**, 032002–1–032002–5 (2008)

[Mor07] R.L. Moreira und A. Dias. Comment on prediction of lattice constant in cubic perovskites. *Journal of Physics and Chemistry of Solids* **68**, 1617–1622 (2007)

[Nag02] J. Nagamatsu, N. Nakagawa, T. Muranaka, Y. Zenitani und J. Akimitsu. Superconductivity at 39 K in magnesium diboride. *Nature* **410**, 63–64 (2002)

[Nel92] D.R. Nelson und V.M. Vinokur. Boson Localization and Pinning by Correlated Disorder in High-Temperature Superconductors. *Physical Review Letters* **68**, 2398–2401 (1992)

[Ni08] N. Ni, S.L. Bud'ko, A. Kreyssig, S. Nandi, G. E. Rustan, A. I. Goldman, S. Gupta, J.D. Corbett, A. Kracher und P.C. Canfield. Anisotropic thermodynamic and transport properties of single-crystalline $Ba_{1-x}K_xFe_2As_2$ ($x = 0$ and 0.45). *Physical Review B* **78**, 014507–1–014507–9 (2008)

[Nom08] T. Nomura, S.W. Kim, Y. Kamihara, M. Hirano, P.V. Sushko, K. Kato, M. Takata, A.L. Shluger und H. Hosono. Crystallographic phase transition and high-$T_c$ superconductivity in LaFeAsO:F. *Superconductor Science and Technology* **21**, 125028–1–125028–9 (2008)

[Onn11] H.K. Onnes. Further experiments with liquid helium. *Leiden Communications* **120b, 122b, 124c**, 3–5, 13–15, 21–25 (1911)

[Pat06] A.K. Patra, V. Neu, S. Fähler, R. Groetzschel und L. Schultz. Metastable, epitaxial $PrCo_7$ films with high energy product. *Applied Physics Letters* **89**, 142512–1–142512–3 (2006)

[Pat10] P. Paturi. The vortex path model and angular dependence of $J_c$ in thin YBCO films deposited from undoped and $BaZrO_3$-doped targets. *Superconductor Science and Technology* **23**, 025030–1–025030–7 (2010)

[Pec95] E.V. Pechen, A.V. Varlashkin, S.I. Krasnosvobodtsev, B. Brunner und K.F. Renk. Pulsed-laser deposition of smooth high-$T_c$ superconducting films using a synchronous velocity filter. *Applied Physics Letters* **66**, 2292–2294 (1995)

[Pui08] T. Puig, J. Gutiérrez, A. Pomar, A. Llordés, J. Gázquez, S. Ricart, F. Sandiumenge und X. Obradors. Vortex pinning in chemical solution nanostructured YBCO films. *Superconductor Science and Technology* **21**, 034008–1–034008–12 (2008)

[Ren08a] Z.A. Ren, G.C. Che, X.L. Dong, J. Yang, W. Lu, W. Yi, X.L. Shen, Z.C. Li, L.L. Sun, F. Zhou und Z.X. Zhao. Superconductivity and phase diagram in iron-based arsenic-oxides $ReFeAsO_{1-\delta}$(Re = rare-earth metal) without fluorine doping. *Europhysics Letters* **83**, 17002–p1–17002–p4 (2008)

[Ren08b] Z.A. Ren, J. Yang, W. Lu, W. Yi, G.C. Che, X.L. Dong, L.L. Sun und Z.X. Zhao. Superconductivity at 52 K in iron based F doped layered quaternary compound $Pr[O_{1-x}F_x]FeAs$. *Materials Research Innovations* **12**, 105–106 (2008)

[Ren08c] Z.A. Ren, J. Yang, W. Lu, W. Yi, X.L. Shen, Z.C. Li, G.C. Che, X.L. Dong, L.L. Sun, F. Zhou und Z.X. Zhao. Superconductivity in the iron-based F-doped layered quaternary compound $Nd[O_{1-x}F_x]FeAs$. *Europhysics Letters* **82**, 57002–p1–57002–p2 (2008)

[Roa88] B. Roas, L. Schultz und G. Endres. Epitaxial growth of $YBa_2Cu_3O_{7-x}$ thin films by a laser evaporation process. *Applied Physics Letters* **53**, 1557–1559 (1988)

[Roa90] B. Roas, L. Schultz und G. Saemann-Ischenko. Anisotropy of the critical current density in epitaxial $YBa_2Cu_3O_x$ films. *Physical Review Letters* **64**, 479–482 (1990)

[Rot08a] M. Rotter, M. Tegel und D. Johrendt. Spin-density-wave anomaly at 140 K in the ternary iron arsenide $BaFe_2As_2$. *Physical Review B* **78**, 020503–1–020503–4 (2008)

[Rot08b] M. Rotter, M. Tegel und D. Johrendt. Superconductivity at 38 K in the Iron Arsenide $Ba_{1-x}K_xFe_2As_2$. *Physical Review Letters* **101**, 107006–1–107006–4 (2008)

[Sin05] A. Singh, V. Neu, R. Tamm, S. Rao, S. Fähler, B. Holzapfel, W. Skrotzki und L. Schultz. Growth of epitaxial $SmCo_5$ films on Cr/MgO(100). *Applied Physics Letters* **87**, 072505–1–072505–3 (2005)

[Sir08] K. Siraj, J.A. Pedarnig, A. Moser, D. Bäuerle, N. Hari Babu und D.A. Cardwell. Enhanced self-field critical current density of nano-composite $YBa_2Cu_3O_7$ thin films grown by pulsed-laser deposition. *Europhysics Letters* **82**, 57006–p1–57006–p5 (2008)

[Smi65] H.M. Smith und A.F. Turner. Vacuum Deposited Thin Films Using a Ruby Laser. *Applied Optics* **5**, 147–148 (1965)

[Spa07a] M. Sparing. Einsatz von $Y_2O_3$-Nanopartikeln aus der Gasphase zur Erzeugung von Pinningzentren in $YBa_2Cu_3O_{7-\delta}$-Dünnschichten. Diplomarbeit, Technische Universität Dresden (2007)

[Spa07b] M. Sparing, E. Backen, T. Freudenberg, R. Hühne, B. Rellinghaus, L. Schultz und B. Holzapfel. Artificial pinning centres in YBCO thin films induced by substrate decoration with gas-phase-prepared $Y_2O_3$ nanoparticles. *Superconductor Science and Technology* **20**, S239–S246 (2007)

[Spa11] M. Sparing. *Einbringung von gasphasenkondensierten Nanopartikeln in $YBa_2Cu_3O_{7-\delta}$ - Multilagen.* Dissertation, Technische Universität Dresden (Laufende Dissertation 2007 - 2011)

[Tak08] H. Takahashi, K. Igawa, K. Arii, Y. Kamihara, M. Hirano und H. Hosono. Superconductivity at 43 K in an iron-based layered compound $LaO_{1-x}F_xFeAs$. *Nature* **453**, 376–378 (2008)

[Tap08] J.H. Tapp, Z. Tang, B. Lv, K. Sasmal, B. Lorenz, P.C.W. Chu und A.M. Guloy. LiFeAs: An intrinsic FeAs-based superconductor with $T_c = 18$ K. *Physical Review B* **78**, 060505–1–060505–4 (2008)

[The11] T. Thersleff. *The Nanoscale Characterization of Functional Superconducting Thin Films.* Dissertation, Technische Universität Dresden (2011)

[Tho08] J.R. Thompson, Ö. Polat, D.K. Christen, D. Kumar, P.M. Martin und J.W. Sinclair. Wide-range characterization of current conduction in high - $T_c$ coated conductors. *Applied Physics Letters* **93**, 042506–1–042506–3 (2008)

[Tin04] M. Tinkham. *Introduction to Superconductivity.* Dover Publications Inc. (2004)

[Tra97] Z. Trajanovic, S. Choopun, R. P. Sharma und T. Venkatesan. Stoichiometry and thickness variation of $YBa_2Cu_3O_{7-x}$ in pulsed laser deposition with a shadow mask. *Applied Physics Letters* **70**, 3461–3463 (1997)

[Var06] C.V. Varanasi, P.N. Barnes, J. Burke, L. Brunke, I. Maartense, T.J. Haugan, E.A. Stinzianni, K.A. Dunn und P. Haldar. Flux pinning enhancement in $YBa_2Cu_3O_{7-\delta}$ films with $BaSnO_3$ nanoparticles. *Superconductor Science and Technology* **19**, L37–L41 (2006)

[Wal96] J.R. Waldram. *Superconductivity of Metals and Cuprates.* IOP Publishing (1996)

[Wan08] X.C. Wang, Q.Q. Liu, Y.X. Lv, W.B. Gao, L.X. Yang, R.C. Yu, F.Y. Li und C.Q. Jin. The superconductivity at 18 K in LiFeAs system. *Solid State Communications* **148**, 538–540 (2008)

[Wat07] T. Watanabe, H. Yanagi, T. Kamiya, Y. Kamihara, H. Hiramatsu, M. Hirano und H. Hosono. Nickel-Based Oxyphosphide Superconductor with a Layered Crystal Structure, LaNiOP. *Inorganic Chemistry Communication* **46**, 7719–7721 (2007)

[Wen08] H.H. Wen, G. Mu, L. Fang, H. Yang und X.Y. Zhu. Superconductivity at 25 K in hole-doped $(La_{1-x}Sr_x)OFeAs$. *Europhysics Letters* **82**, 17009–p1–17009–p5 (2008)

[Wöl93] P.J.M. Wöltgens, C. Dekker, J. Swüste und H.W. de Wijn. Superconducting phase of $YBa_2Cu_3O_{7-\delta}$ films in high magnetic fields: Vortex glass or Bose glass. *Physical Review B* **48**, 16826–16829 (1993)

[Wu87] M.K. Wu, J.R. Ashburn, C.J. Torng, P.H. Hor, R.L. Meng, L. Gao, Z.J. Huang, Y.O. Wang und C.W. Chu. Superconductivity at 93 K in a new mixed-phase Y-Ba-Cu-O compound system at ambient pressure. *Physical Review Letters* **58**, 908–910 (1987)

[Xu90] M. Xu, D. Shi und R.F. Fox. Generalized critical-state model for hard superconductors. *Physical Review B* **42**, 10773–10776 (1990)

[Yan09] J.-Q. Yan, S. Nandi, J.L. Zarestky, W. Tian, A. Kreyssig, B. Jensen, A. Kracher, K.W. Dennis, R.J. McQueeney, A.I. Goldman, R.W. McCallum und T.A. Lograsso. Flux growth at ambient pressure of millimeter-sized single crystals of LaFeAsO, $LaFeAsO_{1-x}F_x$, and $LaFe_{1-x}Co_xAsO$. *Applied Physics Letters* **95**, 222504–1–222504–3 (2009)

[Zhi08] N.D. Zhigadlo, S. Katrych, Z. Bukowski, S. Weyeneth, R. Puzniak und J. Karpinski. Single crystals of superconducting $SmFeAsO_{1-x}F_y$ grown at high pressure. *Journal of Physics: Condensed Matter* **20**, 342202–342207 (2008)

[Zhu08] X.Y. Zhu, H. Yang, L. Fang, G. Mu und H.H. Wen. Upper critical field, Hall effect and magnetoresistance in the iron-based layered superconductor $LaO_{0.9}F_{0.1-\delta}FeAs$. *Superconductor Science and Technology* **21**, 105001–1–105001–5 (2008)

[Zue08] Y.L. Zuev, D.K. Christen, S.H. Wee, A. Goyal und S.W. Cook. Near-isotropic performance of intrinsically anisotropic high-temperature superconducting tapes due to self-assembled nanostructures. *Applied Physics Letters* **93**, 172512–1–172512–3 (2008)

# Eigene Veröffentlichungen

[1] **E. Backen**[1], J. Hänisch, R. Hühne, K. Tscharntke, S. Engel, T. Thersleff, L. Schultz und B. Holzapfel. Improved pinning in Y123 based quasi-multilayers prepared by on- and off-axis pulsed laser deposition. *IEEE Transactions On Applied Superconductivity* **17 (2)**: 3733-3736 (2007)

[2] T. Shapoval, V. Neu, U. Wolff, R. Hühne, J. Hänisch, **E. Backen**, B. Holzapfel und L. Schultz. Study of pinning mechanisms in YBCO thin films by means of magnetic force microscopy. *Physica* **C 460-462**: 732-733 (2007)

[3] M. Sparing, **E. Backen**, T. Freudenberg, R. Hühne, B. Rellinghaus, L. Schultz und B. Holzapfel. Artificial pinning centres in YBCO thin films induced by substrate decoration with gas-phase-prepared Y2O3 nanoparticles. *Superconductor Science and Technology* **20**: S239-S246 (2007)

[4] T. Shapoval, S. Engel, M. Gründlich, D. Meier, **E. Backen**, V. Neu, B. Holzapfel und L. Schultz. Nanoscale wedge polishing of superconducting thin films - an easy way to obtain depth dependent information by surface analysis techniques. *Superconductor Science and Technology* **21**: 105015-1-105015-6 (2008)

[5] **E. Backen**, S. Haindl, T. Niemeier, R. Hühne, T. Freudenberg, J. Werner, G. Behr, L. Schultz und B. Holzapfel. Growth and anisotropy of La(O,F)FeAs thin films deposited by pulsed laser deposition. *Superconductor Science and Technology* **21**: 122001-1-122001-4 (2008)

[6] **E. Reich**, T. Thersleff, R. Hühne, K. Iida, L. Schultz und B. Holzapfel. Structural and pinning properties of $Y_2Ba_4CuMO_y$ (M = Nb, Zr) / YBCO quasi-multilayers fabricated by off-axis pulsed laser deposition. *Superconductor Science and Technology* **22**: 105004-1-105004-7 (2009)

[7] S. Haindl, M. Kidszun, A. Kauffmann, K. Nenkov, N. Kozlova, J. Freudenberger, T. Thersleff, J. Hänisch, J. Werner, **E. Reich**, L. Schultz und B. Holzapfel. $LaFeAsO_{1-x}F_x$ thin films: high upper critical fields and evidence of weak link behavior. *Physical Review Letters* **104**: 077001-1-077001-4 (2010)

[8] M. Kidszun, S. Haindl, **E. Reich**, J. Hänisch, K. Iida, L. Schultz und B. Holzapfel. Epitaxial $LaFeAsO_{1-x}F_x$ thin films grown by pulsed laser deposition. *Superconductor Science and Technology* **23**: 022002-1-022002-4 (2010)

[1] E. Reich geb. Backen

[9] M. Kidszun, S. Haindl, T. Thersleff, J. Werner, M. Langer, J. Hänisch, K. Iida, **E. Reich**, L. Schultz und B. Holzapfel. Fabrication of superconducting oxypnictide thin films. *Europhysics Letters* **90**: 57005-p1-57005-p4 (2010)

[10] A. Kiessling, J. Hänisch, T. Thersleff, **E. Reich**, M. Weigand, R. Hühne, M. Sparing, B. Holzapfel, J.H. Durrell und L. Schultz. Nanocolumns in $YBa_2Cu_3O_{7-x}$ / $BaZrO_3$ quasi-multilayers: formation and influence on superconducting properties. *Superconductor Science and Technology* **24**: 055018-p1-055018-p6 (2011)

# Danksagung

An dieser Stelle möchte ich mich bei allen bedanken, die zum Gelingen dieser Arbeit beigetragen haben, ob durch fachliche Diskussion, praktische Hilfe oder moralische Unterstützung. Mein besonderer Dank gilt:

- Meinem Doktorvater Professor Ludwig Schultz, der mich seit unserer ersten Begegnung für die Wissenschaft im Allgemeinen und die Supraleitung im Speziellen begeistert und mich 2005 zur Werkstoffwissenschaft bekehrt hat. Vielen Dank für die uneingeschränkte Unterstützung und das Interesse an meiner Arbeit.
- Herrn Professor Michael Siegel, für die Bereitschaft, das Zweitgutachten zu übernehmen und den Wissenschafts- und Erfahrungsaustausch zwischen den Karlsruher und Dresdner Supraleitern.
- Meinem Betreuer Herrn Professor Bernhard Holzapfel, für die Unterstützung und das Verständnis, dass manches Kapitel eben doch länger dauert als geplant. Die gemeinsamen Wochen im Labor zu Beginn der unendlichen Versuche, supraleitende Oxipniktiddünnschichten herzustellen, waren mir eine besondere Freude.
- Meiner kritischsten Leserin überhaupt: Dr. Tetyana Shapoval. Vielen Dank für die nicht endende Geduld mit meiner Arbeit, die Korrekturen meiner deutschen Sprache und die wunderbare Gesellschaft im Büro und darüber hinaus.
- Dr. Jens Hänisch, für das kritische Lesen des YBCO - Kapitels und das richtige Modell zur richtigen Zeit.
- Dr. Silvia Haindl, für die Hilfe bei den FeAs - Anfängen und das kritische Lesen des dazugehörigen Teils meiner Arbeit, für CBP und die österreichischen Schmankerl.
- Dr. Ruben Hühne, vor allem für die Texturmessungen und darüber hinausgehende Diskussionen der Phasenbildung in den kupratbasierten Quasimultilagen.
- Jochen Werner, für die vielen Stunden der Targetpräparation und des Ampullenabschmelzens auch spät in der Nacht und an Wochenenden.
- Tom Thersleff, für die TEM - Untersuchungen und die Versuche, Unsichtbares sichtbar zu machen, sowie für die gemeinsame Erkundung der chinesischen Kultur.
- Maria Sparing, für das kritische Lesen meines Manuskripts und die vielen guten Anmerkungen sowie für den gemeinsamen Kampf mit unseren Vakuumanlagen im Labor.
- Dr. Marko Herrmann und Thomas Freudenberg für die Unterstützung beim Umbau der PLD Kammer zur arsenerprobten Vakuumanlage.

- Dr. Tim Niemeier, für die Texturmessungen an den Oxipniktiddünnschichten.
- Martin Kidszun, für das kritische Lesen meines FeAs - Kapitels und die Erhöhung meines Hirschfaktors.
- Prof. Chuangbing Cai, sowie allen Mitarbeitern und Studenten des Physics Department der Shanghai University für die herzliche Aufnahme in der Gruppe und die wunderbare Zeit in China, innerhalb und außerhalb des Labors.
- Unseren Laboranten Michael Kühnel, Ulrike Fiedler und Ulrike Besold, für die kleinen aber wichtigen Heinzelmännchentätigkeiten in den Labors.
- Der ganzen Kaffeeraum-Mittagsrunde, für die vielen kleinen Aufmunterungen im Laboralltag und mal mehr, mal weniger fachnahen Gespräche.
- Meiner ganzen Familie für die große Unterstützung gerade in der letzten Zeit des Schreibens, ob durch Kinderbetreuung, Korrekturlesen oder den moralischen Beistand.
- Zu guter Letzt noch zwei Worte an meine Lieben: Tausend Dank!